U0047437

藥師心內話

Drugs 著

廣告藥品、網路保健食品、兒童用藥……
資深藥師教你秒懂50個不得了的醫藥真相

白袍藥師的
黑心履歷
暢·銷·增·訂·版

時報出版

難解的台灣醫藥困境

快樂小藥師

　　醫藥分業在台灣二十年來始終是一個沒有辦法解決的難題，醫藥的生態在台灣也是衝擊不斷，相關的誤會與衝突也是時有所聞，加上國人對於醫藥的基本常識並非如此充足，更是加深醫病藥與公部門的關係惡化，今年適逢健保危機再現，我覺得身為藥師的一份子，其實有必要做好承先啟後的任務，讓醫療全體有向上進步的機會。

　　一個職業如果沒有辦法被自己的後進還有民眾廣泛了解，取而代之的就是不斷的誤解。所以我希望能夠藉由前輩辛苦將自己的職業生涯經驗撰述的這些歷程讓大家更了解藥師這個職業。也許有些陋習現在依然存在，抑或有些弊病已經從世上消失，請大家放寬心胸來看待我們這幾年來走過的歷史，同時我也期許這本書能讓台灣的藥師還有民眾甚至是醫藥同仁更能理解台灣醫藥的困境，畢竟我們共同的敵人不是其他同業，而是疾病，唯有醫藥之間互助合作，才能共創新局。

寧可因為說真話負罪，
也不要說假話開脫

蘇妍臣 營養師

　　第一次拜讀到 Drugs 前輩的文章，是營養師同業的強力推薦，她說若是我沒有認真的奮發鑽研，其終身之憾就像一位猛男伸手牽我，我卻無情的轉身離去，只剩臥病在榻時的徒留傷悲。

　　很幸運的，沒過多久就在因緣際會之下接觸到《藥師心內話》，是集現今藥物問題之大全，而且是真真實實地在「說真話」，說出醫藥界不敢說的「行內話」。以第三章為例，書內所撰寫的內容，都是普遍業界知情，但是沒人敢坦承的暗黑諍言。舉個例子，若是我要買個感冒藥，一定會先看好成分及相關資訊，接著才會去藥局購買我需要的藥品及保健食品，接著，重點就來了，有的藥局就會開始推銷其他的類似商品，再說些天花亂墜的觀點，讓你身處在轉轉咖啡杯，將皮包裡的鈔票轉出新方向、新天地、新主人，直到走出藥局讓腦漿沉澱後，才發現人事已非的手提著一堆瓶瓶罐罐。

　　話題扯遠了！大家就趕緊準備翻開下一頁，好好享受藥界版的「驚爆秘密」，不可不看的《藥師心內話》！Let's GO ～

聽藥師說心內話，
不當盤子消費者

三十年前剛從學校畢業時，為了想要自由，想都沒想就逃出自家老藥房，直接去外面的社會歷練了一圈，從沒有健保的時代，到健保創立後二十年，台灣也從亞洲四小龍，直到現在變成亞洲邊緣小島，各種的時機和景氣，是時時刻刻在變化，嗯，就是往下沉淪了。

還記得剛畢業時，朋友總說我家裡面「開藥局爽歪歪」，到現在總聽到大家說「開藥局好悲哀」，就能知道「藥品市場」是不斷地崩盤，換來的是藥師薪資的微幅提升，有口餓不死的飯，但一輩子大概也就平平淡淡，和當初健保創立時，大家的夢想「醫藥分業，健康有保障」是完全不一樣。醫藥市場，依然由資方控制著，加上一般民眾所不能理解的「雙軌制」，使得台灣醫療品質經過健保初期十年的提升後，又開始逐步往下退化，搞成醫療「四大皆空（內、外、婦、兒科人力不足）」，真為我老了以後的醫療環境擔憂，萬一幾年後被統一了，不只

勞保可能拿不回來，醫療品質⋯⋯那就更難想像了！

但看看週邊，藥局還是一間一間開，連鎖藥局更是有整併的現象，各體系越開越大，不只醫院自己開連鎖藥局，連全聯福利中心都跳下來開藥局，表示「藥局」這個行業還是有特殊存在的意義。但對於個人藥局而言，想在這夾縫中求生存，不以商業利益為考量，又沒有那張唬爛嘴，想發財是不可能，雖然我也相信努力就有獲得，但若你只是一般消費者，連基本醫藥知識都沒有，那可能最終只能當個盤子，任人宰割，隨便那些無良的商人唬弄了。

舉個例子，前些天下午正熱著，想想，趁著去醫院做復健前的一小段時間，拿一手冰啤酒走路去探探附近一個小學弟的班，除了當作運動，也順便謝謝他在我小中風時還帶我最愛的金門陳高到醫院去探病，算是禮尚往來。才剛進去他藥局，就聽到一個阿嬤很大聲地說：「為什麼我這張不能領藥？診所的藥師和我說拿這張就可以領了呀！」

在旁邊聽了一下，原來是⋯⋯診所把阿嬤的處方扣下，給了那個阿嬤一個領藥日期的小單子，要阿嬤時間到了就拿著那張號碼單回去「診所旁邊的藥局」領藥。只見學弟解釋半天，阿嬤還是不能理解，看來，只能我跳出來解釋一下，直接說重點：「阿嬤，這個不是藥單，不能領藥喔！」

「為什麼不能領？那間藥局的藥師就說可以。」阿嬤說。

「因為這個只是號碼單，不是合法的藥單。基本上，妳上一間藥局違法喔，因為領完藥以後，要把處方還給妳才對，而不是沒有經過妳的同意就直接給妳號碼單。阿嬤，來，不信的話，健保卡後面有健保署的免費服務電話 0800-030-598，我們打去問看看。」我說完後直接讓健保署和阿嬤解釋去，當然順便就在電話中檢舉了那間（診所開的）藥局的錯誤行為。

是的，診所和藥局不能隨意留置病人的處方，甚至連說明都沒有就只是給張號碼條，違法，但這情形去外面隨便繞繞，一堆都這樣亂搞，無奈，因為病人也不知道「自己選擇領藥處所」的權益被剝奪了。

就在那天下午，我也勸學弟把藥局收掉算了，反正藥價一直砍，連鎖藥局又一直開，他的個人藥局既沒有我這種已經準備交接給第三代的老藥局基本盤，也沒有太多個人魅力，加上小小藥局吃不到藥價差，他這個人口才又差、嘴巴又臭，外表又沒有我中風前帥，加上滿口夢一般的仁義道德，還有那個完全不值錢的「藥師的責任心」，為了不想看到他再過一陣子只能吃土，也只能狠下心和他說實話：「你不適合開藥局。」

那到底誰適合開藥局來賺錢？

傳統來說，手段夠狠、心夠黑、不怕違法、關係好、家裡有錢，還有重點中的重點——和我中風前一樣帥，基本上，有這六點，應該是最完美的條件了。當然，大部分的藥師都不是這樣搞，但想「賺大錢的」，肯定要這樣才賺得快、賺得多。

至於消費者若想避開這些陷阱藥局，最重要的還是要充實自己的醫藥常識，還有基本法律知識。

2017 年哈佛校長 Drew Gilpin Faust 在開學典禮時說：「……前藝術與科學學院院長，已故的 Jeremy Knowles，曾經形容他所認為的高等教育最重要目標就是，『確保畢業的學生能分辨有人在胡說八道』……」

很可惜，這點在台灣的高等教育一直被漠視著，光看政客們對待台大校長人選的態度就知道，台大校長何許職位，如此簡單就被糟蹋了呀，大學生若還是只是「由你玩四年」，台灣就真的完蛋了。當然，這點在我大學時也根本不懂，不只玩四年，我可是先狠狠地玩了一年，二一後重考再進去玩四年，真的夠本了。

看看我們生活週邊，充斥著似是而非的資訊，例如常聽到的那些電視談話性節目，原來是買來的廣告置入在節目賣直銷產品？！

育嬰專家根本不是兒科醫師？！

三天保證瘦 8 公斤，比抽脂還猛？！

過了青春期吃特定廣告補品還能繼續長高？！

更有人提倡以形補形，吃魚頭可以補甲狀腺？！

果汁打一打就當作「酵素」來賣，改善體質恢復青春美麗？！

電視上大家追捧的藥理學教授，原來只是化學博士，很多代言的產品還因為違法而被下架？！

以上，統統有很大問題，但卻被一堆網友捧為信條再三膜拜，口袋的血汗錢就這樣供奉出去了。

這些廠商有沒有賺到錢？

有，發了呀！

但若是如我學弟那種耿直善良但沒有我中風前帥的藥師，肯定不會賣那些相關的產品，想當然，這種錢他就賺不到，慘，一定吃土沒問題。

想靠那一個月不到一百張的處方箋過活？調劑費加一加連水電房租都賺不到的，更慘，連土都吃不起。

我才不想管那笨蛋學弟，這本書，是寫給「想知道藥師是怎樣的職業」，還有「想要有一點醫藥常識」的朋友們。

這邊，必須感謝多年前的學長賴叔帶我入行，也感謝時報文化給我一個再版的機會，把以前的錯誤修正，也更新一點新資料上去，內容調整成更符合現在的醫藥大環境，更謝謝有看這

些文章朋友們，若有發現任何文章中的問題，或是有任何問題，歡迎到臉書粉專「白袍藥師 Drugs」上面留言，我會盡力回覆，但請給點時間，畢竟是中風過的病人，打字會慢一點，就請你多多包涵。

目錄

PART 3
選藥局要當心！
不良藥局不告訴你的真心話

PART 4
藥價黑洞不告訴你的真心話

PART 5
推銷嬰幼兒用品不告訴你的真心話

PART 6
常見藥品不告訴你的真心話

PART 7
流行保健不告訴你的真心話

記得以前考大學那年代，台灣還沒有全民健保這種東西。當時考完聯考，放榜結果居然超過平時實力的好，但準備填志願時，面對著眼前密密麻麻的學校科系名稱，到底要填哪個好，自己搞不清楚未來方向，家人更是不瞭解。真要追尋內心的感覺，就打算去念護理系，只因為聽說妹子最多？！

　　就在要寄出志願卡期限的前兩天，在醫院當主任的醫師舅舅剛好來家裡聊天，聽到媽媽說著我的困擾，醫師舅舅簡單的開始分析起各種科系的利弊，又談到：「健保快通過實施了，以後藥師行情看漲，發展潛力無窮。」

　　是的，沒有偉大的抱負，也沒有遠大的志向，一樣離護理系很近，我就這麼簡單地踏上了藥師之路。

PART 1

藥師
不告訴你的真心話

01
傷疤是藥師的榮耀勳章

　　某天看著新聞說到「血汗醫院」中的藥師實際的作業情況，真是說到心坎裡了！

　　老實說，當民眾在醫院藥局外面排隊領藥時，絕對不會知道藥局內部情形，更不可能知道只留一個一直跑出藥袋的神秘小洞的那面牆後，到底是什麼樣子。

　　新聞中說的那些血汗醫院我也有待過，想當然爾，應該是我最有資格來揭開這神秘面紗了。

　　假如從洞外面往裡面看，應該會看到一堆「影子們」正勤奮的「抓」藥、「數」藥、「剪」藥，也許還有一些脫軌的影子，正吃著頭痛藥、貼著酸痛貼布，順便噴幾下酸痛藥水。

　　若再仔細聽，還會聽到列表機針頭「噠噠噠噠噠」不斷打著藥袋的聲音，交錯著腳步跑來跑去的聲音。除了制式化的「這個藥借我一下，我這台的用完了」，偶爾還會插入一連串必須被消音的問候，不用懷疑，一定又是我大學的死黨「小菊花」，

他鋼鐵般的意志，又被眼前堆得滿恨天高，準備調劑的藥袋所壓垮了。這種情形，行話叫做「淹水」，就有那幾個新人檔天天淹水，讓外面發藥的藥師恨得牙癢癢哩！

只透過牆上那個小洞，肯定是沒有辦法知道藥局全貌的，因為真正的「組裝線」，從外面看不到，往更裡面的那個龐大又神祕的密室，才是決定吃到你肚裡是什麼玩意兒的地方。

首先，通過一扇大大的鐵門，馬上可以看到從地上堆到天花板的藥，密室正中間有一條輸送帶（不要懷疑，那真的就只是條輸送帶）直直往牆上出口方向，上面輸送著一個接著一個的大壓克力盒，盒子裡面有著一堆又一堆的藥袋。

在輸送帶的開端，有好幾台列表機在吐著藥袋，就像跳彩帶舞一樣，長長的一條藥袋紙不斷飛舞著，然後有個人會站在那條白色彩帶的末端一直撕、一直撕、一直撕，和沒有盡頭的藥袋紙不停搏鬥，直到天荒地老。

光是撕個藥袋有什麼了不起？我知道你心裡一定會這樣想，讓我來告訴各位讀者，醫學中心藥局裡負責撕藥袋這工作是個什麼樣的「屎缺」，但又是多麼地「偉大」。

我曾經碰過一個學姐撕到右手拇指、食指及中指同時抽筋，直接送急診打兩針。這還不算最嚴重的，另一個學長撕得太忘我，左手虎口和右手食指被藥袋銳利的邊緣割傷（薄薄的紙就

是比刀子還要利），也是直接送急診，左手虎口縫三針，右手食指縫兩針，急診醫師還因為看到那沾滿血漬的藥師袍，懷疑我們是在藥局裡面打架，打電話通知藥局主任去確認是不是內部發生了嚴重械鬥。

當然，主任進門後看到地上那沾著血的一大串藥袋，就溫柔地叫了幾杯珍奶過來慰問，事情太明白了呀！

記得，大醫院門診藥局裡的小藥師，手上若沒有幾個傷疤，就代表只是個菜鳥，而手指上的釘書針傷疤，才是邁向成熟藥師的王者榮耀呀！

真話 02
藥師只是時薪 200 元
的作業員

接著看輸送帶左右兩邊，每隔一定距離，就會站著一個穿著白袍的藥師，每個人都埋首於通過眼前的輸送盒，先把裡面的藥袋拿起來看，若有自己「這一站」的藥品，就把它們裝進去藥袋，沒有，那就放回去原來盒子裡，讓它往下一調劑區送。

大概經過二、三站後，藥袋裡的藥就兜齊了，最後一站檢查所有「組裝」內容有沒有錯誤，若一切完美，就把同一個人的藥袋用釘書機訂起來，然後讓藥袋往洞外面流出去，外面的藥師會接手和「訂單」重複確認一次，若一切正確，就交給正確的「下單人」，也就是等著拿藥的你。

奇怪，我是在形容藥局內部情形，聽起來怎麼和大學時去電子廠打工，裝配電視的生產線一模一樣？其實還真的差不多，一般所謂的「抓藥」，經過流程管理之後，其實跟電子工廠的生產線沒什麼兩樣。因為某任署長爆料，新聞把血汗醫院說得多誇張，那個哪有什麼了不起，我們可是站在第一線每天都用

這種方式在討生活的呀！

熟能生巧，就是這麼一回事而已。

在醫學中心裡，門診量真的大得嚇人，若是藥師無法適應生產線步驟，一定會和我新人時期一樣，每天 5 點下班，5 點半回到宿舍後，得先躺個 1 小時，腳才抬得起來下樓去和學妹約會，不然全身沒有力氣，兩條腿像不是自己的一樣，又痠又脹，有時候，甚至直接昏迷到半夜，才因為肚子餓醒過來找吃的。這情形，我持續了半年，身體才總算跟得上這忙碌的步驟及繁重的工作內容，真的和去健身房玩重訓一樣的感覺呀！

當然，一定要強調，藥師不只是抓藥而已，更強調「正確調劑」。

依照「藥品優良調劑作業準則」規定：「調劑，係指藥事人員自受理處方箋至病患取得藥品間，所為之處方確認、處方登錄、用藥適當性評估、藥品調配或調製、再次核對、確認取藥者交付藥品、用藥指導等相關之行為。」

但在醫院處方量真的太大，若由一個人從頭到尾負責一張處方，是非常不實際的作法，只好一人負責一部分，用組合的方式完成，這是無可奈何的權宜之計。

這……就是我們堂堂醫學中心的藥局嗎？錯，這還只是「一小部分」。

別人到賣場搬整箱啤酒，
我在醫院搬整箱點滴

前面提的，是所謂的「門診藥局」，另外還有分「住院單一劑量藥局」和「化療藥物藥局」來負責病患的用藥，這部分的作業幾乎所有病人都看不到。

住院單一劑量藥局簡稱「UD 藥局」，裡面有一個藥師負責全院住院病人的「點滴」。

沒錯，就是那一瓶一瓶的裝滿液體的點滴。

住院病人常常會用到點滴，整個領藥流程是：

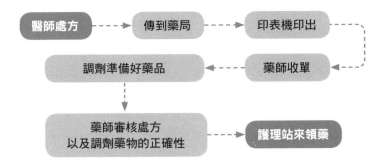

你一定想說：「這有什難的！」

但若是在星期五時負責這項工作，因為醫院週末也一樣會放假的關係，那天就要準備所有住院病人的點滴，從星期五當天晚上，到星期一早上，全部接近三天分量的藥品。也就是一次

要準備整棟上百人的瓶瓶罐罐點滴。那樣……就很好玩了。

那點滴可不是一瓶一瓶的拿，通常是「一箱一箱的搬」。

對，就像過年的時候，大家會去大賣場搬啤酒一樣，只是這些點滴搬一次，大概就像搬一百箱啤酒。

還記得有一年夏天，我搬著一箱箱的點滴，在那空調不好的藥庫裡，汗水就像下雨一樣，從我頭髮上滴到眼鏡鏡片上，視線都糊了，那時不得不把藥師袍脫掉，襯衫也脫了。不過，穿著西裝褲和皮鞋實在很難使力，乾脆先暫停五分鐘，到自己的置物櫃，換上本來晚上要去健身房才穿的全套短袖體育服和運動鞋，回頭繼續搬。

搬搬搬，當我半彎著腰準備搬下一箱時，後面傳來組長的聲音：「藥師，上班時間要把藥師袍穿起來。」當我彎著腰轉頭無辜地看向組長的那一剎那，汗水剛好又滴兩大滴到地上，我站直上半身，才發現黑色運動上衣的胸口和背後都是白色鹽漬，就是那種汗溼了又乾，乾了又溼以後，留下來的白色痕跡。

「組長，我……。」

「好了，別說了，你繼續吧！」組長馬上阻止了我，轉身走了。

你猜，怎麼了？我慘了嗎？本來我也是這樣想，十分鐘過去，工讀生拿了一瓶冰的運動飲料，還附有一張小紙條，對我說：

「組長叫我拿來給你的。」

仔細看紙條，上面寫著：「XX 藥師，辛苦了，這瓶飲料請你喝，小心備藥，不要受傷了。OO 組長」真是揪甘心！

那一刻，是我在醫學中心的生涯裡，心中最溫暖的一個記憶。

真話 03
你想領藥領得快
還是吃錯藥？

　　醫院藥師很辛苦嗎？是的。

　　真的很～辛～苦……，尤其是當你面前坐著或站著上百個人，每人眼神中都帶著殺氣看著你的時候。

　　甚至旁邊已經有人在咆哮著：「發藥可不可以快一點呀！我一大早來，掛號也要等，看醫師也要等，進去才一分鐘就出來了。然後批價要等，最後來這邊領藥也要等。你們藥局可不可以快一點，我一整天都耗在你們這邊了，再不快一點，我就要去院長信箱申訴你！」

　　這時千萬要鎮定，不然可能會有群起效應，萬一發生發藥櫃台暴動事件，上了社會新聞版面，可是不好玩的。這種暴動情形，在我全部的醫院生涯裡，真的碰過好幾次。

　　印象最深刻的，是我那好同學「小菊花」，獨自一人制止了大約三十個明顯上過戰場殺過人見過血的榮民伯伯的暴動。

　　試著想像，有約三十個榮民伯伯在櫃台前一直咆哮，後面還

有上百人怒氣沖沖看著你，而同時我們藥局能動用的全部藥師人力，也已經從各單位統統徵調到前頭櫃台來協助發藥，甚至已經有一位資深臨床藥師扛了一箱藥，直接到櫃台外的人群中間唱名發藥。雖然都已經很努力發藥了，但是調劑好的藥品，卻還是源源不絕的從牆壁上那個神秘小洞一直流出來，堆成一個小山丘還不罷休。

那情形真的是前有狼後有虎，說有多恐怖就有多恐怖。一邊抱歉，一邊加快速度發藥，真的只能祈禱不要出錯。

「不要叫，你們是要快，還是要我發對藥？」完全不意外，小菊花果然站起來對發藥櫃台前的暴民發難了。

「你一個藥師叫什麼叫，藥發那麼慢，還敢在這邊發藥！」一個暴民說，馬上有人大聲附和。

「你要藥是不是？」只見小菊花把他腳邊一箱廢棄的藥直接往那榮民伯伯和病人中間撒出去：「媽了個Ｘ，要什麼藥，自己拿，不要說我發得很慢喔！」接著回頭又拿一箱用力倒出去，現場比放國慶煙火還過癮。

「還有誰要快點拿藥的，統統到我這邊，要多少有多少，不夠我再進去拿。不要在那邊妨礙其他藥師發藥。」這次第三箱的廢藥飛得比較遠，直接飛過去義工阿姨那邊去了。

結果，大家真的安靜下來，呃，連我們發藥動作也全部停下

來，是的，大家都被嚇到了，當時真有種一觸即發的感覺，大家怕 180 公分高的小菊花把藥師服一脫，又再一次直接跳過櫃台和病人打起來，還記得那次一堆警衛衝進來架人的景象，可真是大陣仗了（實情是，把病人架開，小菊花直接送急診去縫眼睛旁邊的破洞，是的，他單挑 170 公分的猛男，但輸慘了）。

「我們是要我們的藥，不是要這些藥呀！」其中一個暴民小聲說著。

「X，你以為我們真的只是把藥拿給你？我們還要核對處方，看藥對不對，數量對不對，適應症對不對，用法對不對，劑量對不對，還有一些注意事項，我們也要和你說明清楚，才放心交給你呀！」

「你催那麼急幹麼？萬一發錯了害你吃錯，又來申訴我說我給錯藥，那我不是當了冤大頭。老實講，吃錯藥那可是你自己的身體，我不痛不癢喔！」

旁邊馬上有其他病人附和：「對呀！不要急啦！藥拿對最重要，不知道的問題還可以問藥師呀！」

「可是……」又另一個暴民發聲。

「可是什麼！我中尉排長退伍，你，什麼官階的啊？一兵？給我到隊伍最後面去排隊。」小菊花伸出那刺滿藝術刺青（前女友堅持的史奴比圖案）的右手臂，指著剛剛發聲的暴民大聲

地說著。

「報告長官，可是，下一個號碼就是我了呀！」很明顯官階小一級的暴民說著。

「叫你排到最後面就是最後面，誰叫你在這邊亂，害後面的人又慢五分鐘。」

「你也是、你也是……統統給我到後面去。誰再有聲音，一樣給我到後面去排隊。」

當場鴉雀無聲，一切又恢復了秩序，小菊花果然不愧是本院藥局的首席大砲王，從那之後，發藥櫃台雖然一樣淹水，但卻順暢無比。

那一刻，是我在醫學中心生涯裡，最震撼的一個下午。

這樣就算是藥師的辛苦血淚史？當然不止了。被病人罵還好，還有藥師被等不及的榮民伯伯，直接在發藥櫃台前潑可樂。不信，自己去三總的藥局問問資深的藥師，以前有沒有發生過，就知道我說的話可信度有多高了……，保證比歷任總統的競選政見還高。

而且在醫學中心的藥師，就是要不斷地上課，不斷地考試，不斷地進修，不斷地持續教育。跟不上進度或有出錯的藥師，就會上更多的課，更多的考試，更多的進修，更多的持續教育。

這樣還跟不上，那只好請你作專題報告，上台報告給全院近百位的藥師聽了。

不是我在臭彈，再怎麼說，我也是很認真的一位藥師，還創下有史以來，新人進來醫院不到一年就上台報告三次的紀錄。如此這樣用功向上，大家就知道，醫學中心的藥師夠辛苦了吧！

可惜發錯藥就是會發生！

說到辛苦，當然不止這些，還有更麻煩的事情，例如「發錯藥」的後續處理。

會不會發錯藥？雖然我們也不願意發生這種事情，但老實講，沒人敢保證永遠不會發生。每天要發那麼多的藥，看那麼多的藥單，連上廁所或喝口水的時間都幾乎沒有了，只要一閃神，就是會出錯。

一般醫院門診藥局的處方調劑流程，會先有內部調劑藥師在生產線上組合藥品，然後由審核藥師全部檢查一遍，再往那神秘小洞送出去給外面的發藥藥師。外面的發藥藥師這時就會拿著病人排隊過來交付的處方，和手邊已經整理好的藥品，做最後的處方審核。

例如：適應症對不對？有無交互作用？劑量合理與否？以及

確認藥品正確性（藥品及數量），然後除了發藥品，還要衛教病人，確定病人都知道怎麼使用藥品，解答了對於藥品的疑問之後，才真正全部交付給病人。當然，以上都只是理想狀態。

真實情形會是：發藥藥師一直都是頭低低收處方，快快核對藥品有沒裝錯，和處方是不是一樣，然後就唱名給藥，接著說：「下一位。」頭還是低低的，因為已經在看下一份的藥品正確性了。因為人力不足，哪有時間照理想走呢！

試想，眼前有幾百個人盯著看我發藥的速度，稍微慢一點就會有人站起來開始叫罵，誰還敢動作慢下來？藥品有按照處方給正確就謝天謝地了。

動作若稍微慢一點，不但病人關懷的眼神會飄過來，還會不斷殷切的叮嚀之外，背後如狼似虎的學長姐們還會用溫柔的聲音提醒：「快一點行不行啊！全部就你發最慢，沒看到後面（藥品準備區）已經淹水（一大堆藥擺著還發不出去）了嗎?!」

在醫學中心發藥，真的，誰敢慢慢來？「某某人發藥最快、最準」這種話，對我們來說可是無上的讚美，一般人不會懂得啦！

你說我沒有顧到「處方正確性」及「處方合理性」？拜託，雖然那麼忙，但我也是有發現過幾次疑似可能會有藥品交互作用的處方。放心，醫學中心的藥師，訓練真的很紮實，我們只

是害羞，沒有明顯表現出來給大家看到而已，不會因為發得快，就降低了「調劑」的品質。

當然，若真有那麼萬一……，能當場追回就追回，追不回，也只能老實報告，或許要跟著主任拿著公關室的蘋果去病人家再三抱歉了。

也曾經有過外面社區藥局藥師發現醫院發錯藥，很好心幫忙安撫病人，並安排後續回診及觀察，這些，我們醫院藥師都是感激在心頭，藥師一家親哪！

好心被雷親，被醫師打槍？剛好而已！

若對處方有疑問，大致上我們會先當場電話連絡診間醫師：「你好，請問 OO 醫師有空嗎？我這邊是發藥櫃台，我是 XX 藥師。」

「怎樣？」

「OO 醫師你好，我是 XX 藥師。你剛剛有個病人□□□，處方上有 A 藥，但也有 B 藥，根據一般的經驗，這樣用可能會有 #$^!#Y% 的交互作用。」

「這樣用就是了，沒有問題。」咔！電話那頭就切掉了。

這種例子雖然不算常常發生，但當經驗累積多了，而頭抬起

來又看到那幾百雙眼睛正盯著你的一舉一動,每人都在關切你:「居然在講電話,沒有在發藥。」眼角不禁又飄到那個榮民伯伯,拿著可樂的手似乎又抖了一下。

快,快發藥,只要手中藥品都對了,沒有什麼大問題,那就讓它快快出去吧!等號的恩客那麼多,萬一,人客憋不住了怎麼辦?

現實上,病人看診過程中若有不開心,絕對不會在醫師面前表現出來。通常,只會在最後一關「發藥櫃台」,把這次看診的怒氣,對發藥藥師一次發洩完畢。藥師絕對不敢和客人對沖,因為背後還有組長,組長上面還有主任,主任上去又是各科的醫師群,想來,只有我同學大炮王「小菊花」是那唯一的例外吧!

而平凡如我們,也只能面帶笑容應付恩客的各種無理反應呀!

04

真話

血汗醫院的藥師

在醫院工作的藥師，整天面對滿坑滿谷的空藥袋，職責就是把它們充填完畢，然後給在外面的發藥藥師驗收之後，正確無誤的交給病人。

上頭管理部門，永遠不會把內部藥師的缺額補滿，更有可能遇缺不補，搞得藥局超級像工廠生產線，淪為血汗工廠的一分子——血汗醫院。新聞報導中，還有醫院驕傲說：「藥師得特訓六個月才能練成四分鐘配藥術」，慘，當藥師評價是用速度來比較時，不如直接機械化就好，要多快有多快。

老實說，在醫院上班的藥師，圖的就是一份穩定的薪水，想再高些……？沒有「關係」，別想往上爬。

換句話說，一輩子大概就是那樣了。

古人說，「大樹底下好乘涼」，但前提必須是，你窩的那棵樹……真是棵大樹才行呀！想要安穩，還是要看上頭老闆是誰。

就有認識一個好多年前在一個地區醫院工作的小學妹，藥局

遇缺不補好長一段時間，裡面夥伴大家都加班加到翻掉，上頭還說「不給錢，補假換累積時數」。那小學妹一想不對勁，時數累積好幾百小時了，都感覺做白工，決定提辭呈閃人。和單位主管喬好班表後，預計直接放假一個月，會剩下近 200 小時，回來離職時就全部換成錢。

全部搞定後，包包背著，和她男友兩人手牽手飛去荷蘭，逍遙了一個月回來後，去和人事主任報到，卻只換來：「要錢沒有！妳為什麼不把時數休完？」這類話語，最後錢沒拿到，直接貢獻了近 200 小時給那家地區醫院，搞得不歡而散。

所以，一定要強調「大」樹底下好乘涼，至少還有制度些，血汗工作也有點保障，若找的只是棵爛樹，那也只能自求多福了。

在各類醫院或診所裡，藥師只是「勞方」，而醫學中心更不怕沒有藥師要進去工作；在診所，也有很多只想要單純工作的藥師想進去。

所以，藥師地位不彰是除了大環境使然，管理制度更是直接造成內部不尊重被資方聘請的藥師，就如同發藥首重速度，真是直接踐踏小小藥師的心靈哪！

另一方面，健保署雖然不斷提倡「處方箋釋出」，鼓勵民眾到居家週邊的健保藥局領藥，好處是方便、省時、不用錢，更不怕

在醫院內感染疾病。但所謂上有政策下有對策，很多大型醫院就想出了「得來速」這類仿速食店的領藥方式，事先預約好，民眾就可以回醫院快速領藥。

美其名是「方便民眾領藥」，實際上就是「盡量不讓處方箋外流」。因為診療賺太少，需要「以藥養醫」，所以換個名詞實行抓住處方箋的動作，然而實際上已經違背了健保署的「處方箋釋出」精神。

也有醫院在處方箋上印著「在院外領藥，本院不負責藥品品質」這類以關心之名，行恫嚇之實的話語，搞得好像去外面健保藥局領藥都會是假藥一樣。

拜託，外面領的藥，本來就和醫院沒關係，沒人要醫院負責，醫院本來也就不用負責呀！真是的，害很多長輩一看到那些字眼就堅持要回醫院領藥。

還有一些醫院更賊，不回醫院領藥，就不給你預約掛號，這招真的是殺手鐧了，病人一定乖乖回去醫院領藥。

好，回到「得來速」這問題上頭。

血汗醫院的藥局內部調劑藥師人數沒有增加，然而這些「得來速」不管病人到底今天有沒有來領藥，因為是「預約」的關係，藥局還是要把藥先包好調劑好等病人，萬一病人沒有回來

領，就必須再把它們拆掉放回去。

這一來一回增加了多少醫院藥師的工作量？

薪水有明顯增加嗎？絕對沒有。

「得來速」真正虧到的是回醫院領藥的民眾，因為藥師現場工作量增加，停留在你我處方箋上面的時間就被減少，對領藥的人來說，是不是又增加藥師調劑出錯的機率、減少被藥師服務的時間呢？

大家已經都知道，醫院藥局裡，藥師的工作就和工廠生產線一樣，流水作業，非常辛苦，只要工作量增加，錯誤率一定也相對升高，一旦出錯，其實藥師們心裡也是很不好過的。不信？去台北行天宮看看，每天有多少藥師進進出出！

而不斷增加的工作量造成士氣低落，資方就該想辦法把士氣提升起來，才有辦法繼續進行作業，這道理各種行業皆然。當然，就和許多大企業老闆的人力管理中心思想一樣，簡單說，就是用「名」和「利」去鼓勵，這是自古以來不變的定律。

因為對上班族而言，最直接的鼓勵就是「薪水」。

好啦，工作量增加，薪水沒有比例增加，還突然減薪……？血汗醫院對藥師的尊重？藥師在醫院內的地位？不言而喻。

 **藥師的出路**

一般人印象中，藥師就是「抓藥、發藥」，那只是對於醫院和診所藥局的既定印象罷了。

醫院藥師平均薪水約 5 萬起跳，加上三節獎金等等加給，一年未稅約可領到 80 萬，若待醫院三十年，一輩子收入大概是 2,400 萬元以上，其實整體薪資所得已經高於很多一般的上班族，但還是買不起台北市中正區的房子好去當林志玲的鄰居。

所以，若只是想求一份安穩的工作，單純「抓藥、發藥」，血汗醫院是非常推薦新手藥師去的地方，主要是可以學到很多在學校沒有學到的臨床知識，以後若想轉職，是個很好的開始。

社會上除了血汗醫院的工作外，其實還有更多藥師在其他角落努力中，例如在醫院裡當臨床藥師、連鎖藥局賣奶粉、藥廠當管理人員、生技公司當業務、公家機關當主管、學校當老師，又或是去賣保險、汽車公司賣車、夜市裡賣雞排、半夜去開計程車、開大卡、去大陸當台幹、搞網購撈錢……等等。

這些，幾乎都不會碰到「發藥、抓藥」的動作，但一樣都大有發展性，藥師的生涯，並不一定局限於「藥品」上。（好吧，我得承認，因為出生率下降，藥師去賣奶粉穩慘。）

老實說，現在藥師社會地位不明顯，更正，其實是沒有什麼地位，只是因為民眾不知道「藥師哪裡好用」，卻只留存一些不肖的個人或連鎖藥局裡面，為了要「賣東西」推銷的大嘴藥師錯誤印象。

　　民眾對藥師的既定印象就是和藥有關而已，實際上，藥師是「民眾 VS. 醫師」之間的橋樑。這點，食藥署真的要多施點力，多提升大家的醫藥常識，民眾就可以知道藥師哪裡好用，也請藥師圈的朋友們，大家克盡職責，盡量發揮所長，讓大家知道藥師「好」在哪裡吧！

醫院藥師的保存期限，
只有 2 年

因為辛苦所以才離開醫院？才不是呢！

通常，醫院藥師的保存期限應該只有兩年而已，不單純只因為太累，有人也只是進去鍍個金，好告訴大家「我是 XX 醫院出來的藥師」。

其實兩年時間，在醫學中心裡，大概就只夠剛好基本訓練完成而已。

像我那麼上進、那麼努力，一年內上台報告三次的藥師，怎麼可能因為太累就逃離醫院環境。

當然，也不可能是因為聽到某骨科主任說「這層的我都把過了，今天約樓下護理站的」而太氣憤才離開醫院。我頂多就是嫉妒和羨慕，然後請他幫我多約一攤和護理系實習同學們一起去唱唱歌而已，這種好朋友不多了，怎麼能夠和他翻臉呢？是吧！

對，大家一定猜得到原因，就是因為——錢。

記得一樣是個忙亂的下午，每個人都在自己的作業區（調劑台）努力組裝產品（調劑藥品）。當下我盡力把眼前屬於自己負責的產品組裝完成，往下一站推送過去，好不容易找到喘息的時間坐下來喝口水時，旁邊傳來聲音：「小學弟，這個藥放在哪邊呀？」

　　轉頭一看，原來是個近五十歲的老學長，只看他戴著老花眼鏡，半瞇著眼睛正努力看著藥袋上面的字，然後更努力的看著調劑台上面的花花綠綠的藥品，想要把藥袋上的藥找出來。

　　再仔細看一下他的工作台上，已經淹了五輪的藥袋。我們分配藥袋一輪是五人份，一條生產線，一次是四人作業，也就是流動一次是二十個病人的藥物。

　　換句話說，他眼前有五輪的藥袋，也就是外面發藥櫃台前已經有一百個病人，因為生產線中間卡了這老學長手上的藥袋順序，前面的藥師就沒有辦法順號把藥發出去。

　　那……跳號發藥？不成，誰敢犯眾怒：「為什麼要我去旁邊等，而他的藥可以先發，我的號碼在他前面耶！」現場可是有超過一百個人哪！

　　我趕快起來幫那老學長組裝（調劑），只見他一個藥品要找半天，動作又非常的緩慢，畢竟，五十多歲的反射速度真不能和二十多歲的我們相比。

幫學長跑組裝時，我心裡想著：「若是我一直在這血汗醫院的血汗藥局待下去，二十年後我也會是這樣子，那還得了！」

那年紀，其實我的願望很小，只希望買幾戶帝寶，一間藏三個俏妞，天天用魚翅漱漱口，這樣就滿足了。

但在那個下午，幫學長處理完以後，我把紙筆拿出來，算了一下我的人生價值：

一個醫院藥師一年不吃不喝大概可以領個 80 多萬（還沒扣稅），若連續工作三十年都沒有意外，一毛錢都不花：

總收入 = 80 萬 X30 年 =2400 萬

2,400 萬！只能買得起帝寶的那間傭人房裡的廁所，若扣掉開支，可能連帝寶裡傭人房廁所的一個馬桶都買不起。

「喵的，這樣不行。」離理想太遠了。

在醫院裡繼續蹲下去，只怕會失去社會競爭力，即使在醫院內部地位再高，即使像蹲了十五年的學長，因為年資加薪，年薪領到 100 萬出頭了，但將來離開醫院出來社會後，早就時不我予，別說帝寶，連間像樣的房都買不起。

於是隔天，我就提辭呈，決定離開醫院了。

你知道自己吃了什麼藥嗎？

很多人看完醫師領完藥，知道自己吃的是什麼嗎？我猜很多人都只知道用法，但是吃到自己身體的的藥品，還是了解一點比較好。

1. 藥袋上的名字要對

最重要的，拿到藥時，一定要看一下「病患姓名」對不對。萬一拿錯，就什麼都不用講了。

不用懷疑，以前在醫院時，真會碰到拿錯別人藥的事情，不是我們藥師發錯，是病人恍神，同時丟藥單到發藥櫃台，然後兩個人都同時在講電話。

其實這是很不禮貌的，為什麼在醫師面前就聚精會神，到藥局櫃台面對藥師卻理都不理，不好好聽藥師的解說，到最後吃虧的肯定還是自己。

當藥師核對完處方確定沒錯喊了 A 的名字，B 卻直接伸手就拿走，當然，藥師當下也沒發覺，等 B 的藥品確認完畢要發出去時，藥師叫不到 B 的人，A 卻一直說怎沒他的藥。

可是，這種事情後果誰要承擔？沒錯，又是倒楣的發藥藥師。對啦，就是敝人在下我，因為這樣又被記點準備寫報告了。

拜託！拿到藥時，一定要先看一下藥袋上名字對不對，吃自己的藥才有意義。

2. 藥品適應症及副作用要看

這很簡單，就是為了保護自己。醫院裡，藥袋上一定會有印注意事項，如果對任何一項副作用有疑慮，可以馬上和發藥藥師討論一下，或許就可以避免類似情形。

3. 藥品是否和藥單列印出來的名字相同

雖然藥師發藥時，一定都有檢查過是不是和藥單相符，但若自己能再確認一下，更有保障。

4. 藥品數量對不對

藥袋上一定有總數量，再數一下總是好的。馬有失蹄，人有錯手，萬一數量不夠或是掉地上回家才發現，要多跑一趟補藥是很累人的。

不要懷疑，真的很多次，病人在我面前一轉身，藥袋裡的藥就全部掉在櫃台前的地上，而病人自己還不知道一直往前走。就發生過病人打電話回來藥局罵的時候，前面發藥藥師剛好走進來說：「有人在公車處撿到這個病人的藥，拿回來藥局給我們。」好嘔的呀！

5. 有疑問當場發問

當拿到藥時，若有發現任何奇怪的地方，例如：藥品和上次看診的時候不一樣，或是對用藥方式有疑問，發藥櫃台的藥師就是你最好的諮詢對象。

當然，若是回到家以後發現有問題，也可以拿著藥袋或藥單就近諮詢一下社區藥局藥師，相信藥師們都會是樂於回答用藥問題的。是的，不用掛號費就看得到藥師囉！

醫師開的藥就一定沒問題嗎？

根據蘋果日報報導，2008 年時一名詹姓牙醫師安排父親至醫院做健康檢查，並一再交待提醒院方，父親有氣喘病史不能使用特定藥物恩特萊錠 Inderal，不料院方仍給藥，導致父親 30 分鐘後氣喘發作身亡。詹姓牙醫師對院方及該案相關人員提出告訴，全判無罪定讞，而十年後詹姓牙醫師再度提出新證據，終獲台中高分檢提起再審。

蘋果日報報導〈父因一顆藥枉死　牙醫師 10 年抗戰終露曙光〉：https://tw.appledaily.com/new/realtime/20180927/1437306/

而另一件類似案例，根據自由時報報導，2009 年時診所醫師明知治療高血壓與心絞痛的恩特來錠（英文商品名 Inderal）是氣喘病患禁忌藥，卻在婦人氣喘病再犯時，開藥給她服用，導致婦人一小時後心跳加速、呼吸停止，送醫後變成植物人。

自由時報報導〈醫師開錯藥氣喘婦變植物人〉：http://news.ltn.com.tw/news/life/paper/489675

而 2016 年《台灣醫界》雜誌上刊載了一篇關於自由時報新聞案件的判決評析，內容指出：「……衛生署第 2 次審議醫事審議，本案病人病情惡化，無法判斷是否因服用 Inderal 引起，或病程發展惡化所造成。究係為病程發展惡化或 Inderal 引起，無從確切得知……」從內容可以得知，醫審會也無法明確判定因果關係。因此，雖然學理上氣喘藥和恩特來是禁忌，但臨床結果是無法如此明確判斷的。

在這些案例之中，若是都有藥師參與，再評估一次疾病及用藥，結

果一定更安全，這也是醫藥分業的精神，都是為了民眾的用藥安全在努力。所以保護自己用藥安全的最佳方式，還是要多跟藥師確認藥袋明細與藥物內容，特別小心謹慎。

　　請記得，藥就是毒，安全第一。

台灣醫界判決評析〈氣喘發作──臺灣高等法院 102 年度醫上訴字第 6 號刑事判決評析〉：http://www.tma.tw/ltk/105590707.pdf

藥師離開醫院後該做什好？藥師頭路其實滿多的，可以先到外面藥局學銷售經驗、到藥廠裡當藥品業務或是學術藥師、給診所聘請當診所藥師。

最不濟，還可以和那大學時期很照顧我的學長一樣。嗯！去開計程車。

從醫院離開，經過同學介紹，我到一位醫學系學長開的耳鼻喉科診所當藥師，又看到不一樣的世界。

PART 2

選診所要當心
不良診所
不告訴你的真心話

06 真話
分裝藥品的利潤公式

　　剛到診所報到的第一天，最重要的工作，就是和藥局裡的另一個學長兩人分裝藥水和藥膏。*

　　我猜，所有以前去過診所的人一定都有經驗，領到的藥水一定都是小小瓶，上面就是簡單貼個診所標籤；藥膏一就是小小一個圓盒，上面可能什麼都沒有標示，也有可能用簽字筆簡單寫個類似「BN」這樣字眼，好一些的會貼簡單標籤，註明某某診所或是藥名用法。

　　那麼「厚工」的診所很少啦！瓶裝上面，有用簽字筆畫個連我也看不懂的符號就偷笑了。

　　我們一天要分裝上百瓶藥水藥膏，要配藥，還要發藥，收錢，還有一些界線非常模糊的業務，例如：醫師娘叫我幫她去對街買 33 公升的專用垃圾袋；又或者，醫師娘叫我要到處去比價，

＊ 早期診所常見分裝藥品，自 2015 年起，健保署即停止給付分裝藥品，現今給予分裝藥品的情形已較少見。

看「哪家藥廠的藥最便宜」；也有可能是醫師娘經過感覺不開心，教我藥要怎樣擺才順手……。

奇怪，她不是藥師，也不是她在調劑，她根本連藥名都念不出來，更不是專業人士，只是嫁給我那醫師學長，就一直指使我做這個做那個。

例如：「去把診所前面的那根煙蒂撿起來丟掉。」全世界她最有空，怎不是她去撿？她這樣和我講的時候，前面還有好幾個病人等我發藥耶！不管。當下，全世界好像只剩下她——醫師娘最大！

你說另一個藥師學長的反應？——他老人家已經老僧入定，完全不鳥醫師娘怎麼說，不然，怎麼會是我去買 33 公升的專用垃圾袋！

所以，到底是誰幫調劑的藥品做分裝，藥水、藥膏貼標籤這些加工動作，尤其是學長又不太想做（其實從來也沒做過），結論就是統統歸我做。

難道沒有人懷疑過，為什麼在醫院領到的都是藥廠原裝的藥水或是藥膏，診所卻多是分裝？

沒錯，就是「利潤」的關係。

健保在基層診所有所謂「三日簡表申報」，不像醫院都是「實報實銷」。很多小病，也的確就是三天的藥就夠了，所以醫師

開三天的藥是剛好用。

但仍有些情況，單純是因為**健保三天藥價給付 66 元的考量**，所以只開三天，就要請患者三天後再來一次。若是解釋成「醫師判斷，必須三天當作小療程觀察一次，三天回診剛剛好」也成，既然是醫師專業判斷，那就是了。

換句話說，在診所開處方，若是只開三天，健保署就給診所 66 元，不管開什麼藥；而醫院則是開什麼藥，健保署就給什麼藥的錢，不會多給。

注意到了沒？利潤在哪邊？——

66 元／三天／診所，不管開什麼藥。

所以，診所開的藥局，若是能夠把藥品成本壓在 66 元以下，那就賺了。

像小朋友鼻水藥，若是像醫院那種的原裝藥水，一瓶成本可能就超過 30 元，隨便兩瓶就接近 66 元的扣達，這樣診所怎麼「賺」呀？

所以，有些診所會盡量用越便宜的藥越好。明明有小朋友的專用藥水，一瓶一瓶都已經裝好，藥廠標籤也都貼好，標示清清楚楚，每瓶藥水或藥膏都沒有拆過，為了利潤，就是不會去使用那些兒童專用藥。

重點在：「我們去醫院領藥，若是領到已經開過的藥水會不會抓狂？」

一定會，是吧！那為什麼去診所拿到分裝的藥水，卻覺得理所當然？

其實，診所即使實報實銷藥水也「不會虧」，問題在於「沒賺」，所以，就進大瓶的藥水（有可能是小小藥廠所生產），然後叫我們一瓶一瓶分裝，成本一下就壓下來。最好連藥水也不要給，直接給幾顆藥磨一磨交差了事，一顆可能才幾毛而已。

我不想給這種已經分裝過的藥水或是藥膏，不過問題在於「這藥局是醫師開的，我們只是受聘藥師」，老闆都這麼說了，我也只能違背藥師的良知，給分裝藥水或是藥膏了。還好，幾乎所有病人都不會覺得奇怪，也從沒有被病人罵過。因為這已經是「常態」，錯誤的常態。

為什麼我們甘願讓這種用藥品質低落的事情發生在那極少數診所？就連我們這種還有一點良知的藥師，都不願意讓用藥品質降低，但病人卻都無所謂？

好啦！你一定會說是因為我懶。對，我就是不想分裝，怎樣，不然你來分裝看看。

每天上班就打開一瓶「昨天或是前天或是好多天前就開封」的藥膏或是藥水，然後挖進去一個小盒子或是倒進去一個小瓶

子，很累人的。

偶爾，醫師娘還會一瓶一瓶看，說：「這瓶倒太多了。」或是說：「這家藥廠要漲價了，你再去問看看還有沒有更便宜的？」

那麼中間的「藥價差」跑到哪裡去了？前面講過了，老闆娘去逛百貨公司和打麻將的扣達，晚上參加派對要穿的名牌，明天逛街要背的名牌包，不從這邊 A，從哪 A ？

 ## 被健保限制的難處

雖然討厭分裝藥，但現實還是殘酷的，健保署三天只給 66 元藥品費用，正所謂「巧婦難為無米之炊」，病人的病情就是那樣複雜，若統統給原裝藥品，肯定超過 66 元簡表，這代表「提高健保署抽審的機率」，這種 paper work，對於整天埋首於第一線數錢的醫師，真的是莫大的困擾。

另外一個原因，66 元，連一杯星巴克都喝不了，這種價格本來就肯定拿不到原裝藥品的呀！

兩難之下，也就會有這種分裝藥品的情形出現。雖然 2015 年健保署已經明定不給付大部分的分裝藥品，但現行基層醫療還是看得到，但事實上，多是用「送」的，因為只有 66 元的扣

達，說好聽就是超過 66 元就統統自行吸收，反正一個人進來就先收了上百元的掛號費，這一點點的藥，沒差啦！

07

真話

恐怖喔！
你敢讓小朋友吃磨粉藥嗎？

　　一直以來，我們在醫院都被教導，兒科用藥的正確觀念，就是「盡量不要磨粉分裝」，以避免藥品的交互污染。

　　老實說，我可不希望我的小朋友吃到上一個小朋友，或是上上一個小朋友的藥，又或是上週殘留的藥末，尤其是如果分包機或是研缽沒有清乾淨的的話，萬一小朋友對那些殘留的藥品過敏，那可不是開玩笑的，又或是吃到不需要吃的藥，也是會加重身體的負擔。

　　說到這裡，大家一定不知道我們在診所藥局裡面怎麼磨粉？每家會有些微的差別，至於我待過的那家，有研缽，還有一台小台的「很貴的夫人」。

　　通常，我喜歡用那「很貴的夫人」，因為磨粉一定都是小朋友，藥品顆粒總量通常不多，若是用研缽，磨完的粉末體積少，用自己力氣磨費力又費時。何況，那麼少的粉末，我也不知道要怎麼倒進去分包機分裝成九包或是十二包。

所以，我就習慣把那幾顆藥丟進去「很貴的夫人」的塑膠杯裡，隨意倒進去幾匙糖粉，或是化痰粉，然後就讓機械自己磨一磨。

更正，不是「隨意」倒糖粉，是要「有技巧」的倒。因為醫師娘會站旁邊看我們磨粉，萬一倒太多糖粉，是會被唸很久的：「藥師，你糖粉倒太多了，這樣很浪費我的錢，這都是要成本的呀！」

藥師一定都知道，照書本上所教，我們若是磨粉，必須用「幾何稀釋法」，這樣才會混合均勻。放心，絕對不會用那招，你看過資料就知道那有多費工，我又不是瘋了。

限時 6 分鐘，清潔？怎麼可能！

診所一個看診時段 3 個小時，假設有三十個病人要磨粉，而事實上我只有 180 分鐘可以「收處方 → 調劑數量 → 磨粉 → 分包 → 確認藥品 → 給藥→給予藥囑」，然後「下一位」。

一個人平均分配是 6 分鐘。

我是不用喝水、上廁所、不用和隔壁漂漂的護理師們打打屁嗎？

所以一個病人調劑時間平均分不到 6 分鐘，還不包括調劑其

他不用磨粉的病人所花掉的時間！用幾何稀釋法？就算診所不會有榮民杯杯來潑你可樂，我還怕小病人等太久在櫃台前尿尿以示抗議呢！

管他什麼幾何稀釋法，所有的藥就統統倒進去「很貴的夫人」裡面，按鈕按下去，磨到看不見顆粒就行了，反正也算有攪拌了，這就是現實情形。

分裝完當然不可能當場清洗器械，因為洗了也不會馬上乾，也沒有那美國時間，下一個病人馬上就要用了，只好簡單用刷子刷一下，吸塵器吸一下，繼續請「很貴的夫人」接客。

藥包機也一樣，每次分裝完是不可能馬上清洗的，都只有用刷子刷一下和吸塵器吸一下就好，反正這麼做從來也沒出過什麼問題。

但要說清楚，那時候我每天晚上下班，一定會把所有器械和刷子全部用水洗一遍然後晾乾。

綜合以上，簡單說，在診所領的磨粉藥，嚴格來說是有污染的，藥膏、藥水若拿的是分裝品，品質上一定也不及原裝未拆封的。所以，我後來都和家人溝通一個觀念——若是要去診所看病，請先站門口看一下，如果拿出來的藥都是分裝的，看情形，有時候是可以考慮一下。

我一直覺得那種藥品只要拼便宜就好，只求利潤的診所，對

病人來說並不是一個好的醫療照護行為。身為藥師，還是希望醫師好好認真看病，我們藥師就好好把關用藥品質，相輔相成，幫來就診的病人獲得最好的醫藥品質。畢竟，沒人希望生病，去看醫師也都是不得已的，若因此承受更多的風險，絕對不是我們所希望的。

藥師小辭典：幾何稀釋法

　　幾何稀釋法是以同重量的稀釋劑加入藥品中，充分混合後，再以同重量稀釋劑添加，如此重複操作至所有預定劑量的稀釋劑添加完畢。這樣說大家一定有聽沒有懂，其實就是重複將相同重量的稀釋劑（如：糖粉、化痰粉）和所需藥品混合稀釋，以免少量的藥劑不容易調劑，而導致誤差，附帶好處是會混得很均勻喔！

　　簡單說，例如：藥品重量有 A 公克，就拿一樣 A 公克的稀釋劑加進去混合均勻，第二步是將 2A（稀釋劑）加進去，混合，第三步再拿 4A（稀釋劑）加進去再混合，依此類推，A ＋ A＝2A → 2A ＋ 2A＝4A → 4A ＋ 4A＝8A，就如此混合稀釋下去，直到達到想要的稀釋濃度為止。

　　當然，或許就是調個兩匙糖粉拌一拌也就是了。用三匙？拜託，別害我，醫師娘會念說太浪費啦！

 **不得不磨粉的難處**

　　雖然醫藥界都一直在推行「兒童專用藥」*的使用，但現實上，兒童專用藥的藥效都會偏溫和，雖然也是有效的使用，但或許達不到家長們的要求——速效，又或者達不到醫師所希望的療效強度，這時也只能依照醫師專業，再加上其他需要的藥品成分或不使用兒童專用藥，這時候，也只能使用不標準且有風險的「磨粉」這一招，來達到醫療目的，算是不得不為之呀！

 兒童藥品也有塑化劑？

　　數年前的塑化劑風波延燒至兒童藥品，稱得上是分裝藥品和磨粉藥品出錯的好例子。

　　糖漿歸類在「食品」規範，因為磨出來的粉很苦，附一瓶給家長帶回家，餵藥時可以加一點在藥粉裡給小朋友服用，減低

＊ 想更了解「兒童專用藥」的資訊，請參閱 P.94〈藥師
　教你聰明自救法則：家長都要懂的兒童專用藥〉，也
　可參考以下網站：
・醫改會：有健保給付的兒童常用藥以及提供的院所名
　單。http://issue.thrf.org.tw/activity/place.htm
・健保署：http://www.nhi.gov.tw/query/query1.aspx

醫改會　　　　健保署

苦味。

藥廠適用藥品優良製造規範，藥品生產線與食品生產線獨立，未受塑化劑波及。問題是，假如直接使用歸類在藥品規範的「兒童專用藥劑」，那不是更好，就幾乎不會有塑化劑的風險。

細觀塑化劑風暴中，藥品上榜的也就那麼幾項，和食品相較，比例很低，且量也很低。而全台最大的兒童專用藥水廠也檢驗確定「產品均無添加起雲劑或塑化劑」，至少「藥品等級」的製造過程和成分管制，還是比「食品等級」的嚴格多了。

通常兒童磨粉藥品另外給的那一瓶調味糖漿，都有加入色素和人工調味料，例如：香精。但是吃個藥，為什麼還要多給小朋友吃一堆人工添加物，更何況是塑化劑，這都不是應該發生的。

提供一個簡單的小技巧，不要和診所拿那種顏色花花綠綠的分裝糖漿，直接用家裡的糖粉或是果糖糖漿，這些基本上不會和藥品有特殊交互作用，用起來就安全多了。*

＊ 糖粉和藥物大部分的情形不會與藥品產生交互作用，惟無法考量到所有讀者之特殊身體情況，建議將糖粉、糖漿與藥品混合使用前，先尋求醫師或藥師等專業人士之建議。

08
真話

愛打針？
有些診所就愛賺這條啦！

有些診所還有一個怪現象——打針。尤其是長輩們，超級愛這味的。

「阿伯，等下先去櫃台付帳，一支 100，『大筒』一支 200（這樣算是便宜的了，多的是一支 500 元或是 1,000 元，這樣倍數收費的），這個針健保不給付。付完錢後，再到注射室去打針喔！」這種對話，有時候可以在骨科或是家醫科診所聽到。

我絕對尊重醫師們的臨床診斷和用藥方式，只是若利用非必要的針劑來謀取利潤，這點就值得商榷了，尤其是十個進來，九個要打針，最好是病人有那麼高比例都嚴重到這種程度啦！

通常，診所打的針不外乎三種顏色，黃色、白色、紅色。

黃色通常是維他命 B 群；白色可能是消炎止痛退燒藥；紅色多是維他命 B12，「大筒」的，一般只是大瓶的生理食鹽水。

常有長輩說吊完大筒的，精神好很多。試想，其實只要一個人在那兒躺著不動 30 分鐘或 1 小時小睡一下（吊大筒的所需時

間），精神一定會好很多。這觀念和長輩或許無法溝通，但我們年輕的一輩可不能再繼續錯下去。

打的針劑內容成分，大部分其實用吃的就有，健保也大多可以給付，為什麼要用打的？

藥效比較快？比吃得好？打了比較爽？可能只是賺得很爽呀！

再強調一次，絕對尊重醫師的臨床診斷及用藥決定，只是是否正確的讓病人知道處方用藥的目的及「必需性」，這點就會讓很多人懷疑了。畢竟，這真的是一筆很大的利潤，不得不讓人用放大鏡檢視。

下次，若碰到醫師說：「等下去打一針就好」、「等下去吊一筒就好」時，請直接問醫師三個問題──

這是必須的嗎？
要自費的嗎？
不打可以嗎？

因為很多針劑的藥，口服成分也相同，只是因為打針時，血中濃度提升很快，當然瞬間就舒服。但若是按照醫囑使用藥物，當藥品在血中達到穩定濃度時，也就達到我們的治療效果，真的不是全部都必須「自費打針，一針 100 起跳」。

就有阿伯來領藥的時候，偷偷問我說：「藥師，奇怪，為什麼每次來看感冒，醫師都要我再打一針自費 100 元。藥師，健保不是都有給付嗎？我不打不行嗎？」

其實若用健保給付，基本上是一毛也不用出。當然，若總藥費超過 100 元，健保規定的藥品部分負擔還是要付的，但每 100 元藥品成本，也只要付 20 元而已。

這就是問題所在了，還有就是因為針劑申報上去幾乎都會被健保署核刪，這樣的結果是醫師要自己賠錢，所以才要病人自費呀！但病人又不知道能夠選擇不打，通常也都只是醫師說了算數。

那重點是？

我想要說的是，不論何時，「有病看醫師，用藥問藥師」這觀念永遠是對的！只是在醫師說要自費打針時，請尊重醫師的治療評估，有疑問時，記得多問一下就是。

09
真話

報高給低的終極奧義

　　極少數不肖診所想賺取更多利潤，其實還有很多方式可以操作，其中對病人最傷的，就是「處方箋開高價 A 藥，發藥給低價 B 藥」。

　　通常在診所看完診，就會拿到一張小小的處方箋，護理師就會叫我們去「隔壁藥局（多是診所自己開的）」或是「指定藥局（別人開的藥局，通常可以分一點回扣回來診所）」領藥。

　　病人若不仔細看處方和所領的藥品有沒有一樣，常常會吃很大的虧。

　　記得有一天，學弟突然打電話來問我，說：「學長，我的醫師老闆要我看到他開的慢性病處方箋（二十八天的處方，必需實報實銷）上面原廠的 A 藥時，就直接給台廠便宜的 B 藥，這樣怎麼辦？」

　　沒錯，又是藥價差的問題，不過問題是：「偷偷換成低價藥，且一樣申報高價藥。」

就健保署規定，只要「病患同意」，藥師真的可以把同成分的高價藥換成同成分的低價藥，然後如實「申報低價藥」。

我學弟的情形是：一開始病人就不知道醫師開什麼藥，所以診所和藥局端並沒有告知病患會給和處方不同等級的藥，就直接給**低價藥**，事後**申報高價藥**。

懂了嗎？我們繳的健保費就這樣又被 A 走了，這才是真的藥價黑洞啊！

而且，那家診所的處方全部不蓋醫師章，為的就是怕處方流失到別人的藥局，畢竟沒有醫師章的處方，就沒有藥局敢接，誰知道這處方是真是假。

這又延伸出一個問題：「不是合法處方」。

完整處方必須有醫師章，才是合法處方，健保藥局才敢收受調劑。

我想，一定有些人曾經拿診所處方去別的藥局領藥的時候，藥師會東看看、西看看，然後委婉退單，請病人回原診所藥局領藥，只因為「沒有醫師章」，不能收付調劑。

而原診所藥局，根本不怕處方上沒有自己醫師的印章：「醫師我自己開的藥局，還怕沒有我這顆印章？」當健保署來抽查時，再蓋一蓋往上交就好。

別家藥局若是收了這種處方箋，萬一碰到健保署抽查處方，沒有醫師章的，十之八九直接被核刪，這下藥局就會賠錢做白工了。

　　所以，綜合這些情形，分析如下：

1. 申報高價 A 藥卻給低價 B 藥，有「戕害健保財務」之嫌。

　　罪名：健保難以計算的藥價黑洞又多一條。

2. 該處方沒有蓋醫師章，沒有其他健保藥局敢接這張連續處方，造成病人下次領藥不便，違背「醫藥分業以及處方釋出」精神。

　　罪名：直接規避處方箋和用藥不符的事發可能性。

3. 就健保藥局藥師而言，該處方沒有蓋醫師章，等於廢紙一張。絕對沒有健保藥局敢接這張處方，如此造成領藥不便，除了違背「處方釋出」精神外，這結果只能在診所樓上藥局調劑的「假釋出現象」（沒錯，學弟待的診所藥局，位置就是在診所樓上），有「共同詐領處方 A、B 價差藥費」的嫌疑。

　　罪名：藥師有罪。

4. 很多民眾不理解：「為什麼一樣是處方，人家診所藥局可以調劑，你們健保藥局反而不能調劑？」原因就在於診所「少蓋了醫師章」，換句話說，根本不是真的釋出處方，只徒具其型來訛騙民眾，而健保藥局反而背了黑鍋，給人「健保藥

局根本不能領藥」的錯覺。

罪名：「污衊健保藥局健康形象」的嫌疑。

5. 長期以高價 A 藥報低價 B 藥，甚至以成分不同者替代，指使聘僱藥師如此給藥，以賺取藥價差，有罔顧病患用藥安全及詐欺之嫌。

罪名：沒錯！這已經有觸犯刑法的疑慮了。

而且，萬一出事情，因為給藥的是藥師（雖然是聽醫師老闆的命令），但醫師只要一句話：「都是藥師發錯了。」就一翻兩瞪眼，先罰藥師再說，醫師端幾乎都可以規避掉任何處罰：「都是藥師給錯，我處方又沒錯。」

遇到這情形，藥師只能啞巴吃黃蓮，因為真的是自己發的藥，被罰應該，而處方醫師就直接脫勾了。

實情是，藥師是聽老闆說的才這樣做，但被罰活該，誰叫你為虎作倀。別以為這種事情不會發生，水果日報就有報導一個幾乎一模一樣的案例，不只我學弟，其他還有一些診所藥師還真碰上這種會上社會新聞的鳥事。

還有，學弟那診所醫師還自創藥名，用暗號來幫一些不好曝光的藥品遮掩，還被吩咐說：「不要老實和病人說吃什麼藥，簡單講講就好。」

當下電話中我和學弟簡單分析後，希望他能再和醫師溝通，盡量「依處方調劑，照實申報」。

結果，我學弟隔天就被診所炒了。你看，**不配合犯法就會失去工作權**，有「殘害藥師工作權之嫌」，罪再加一筆。

學弟因此失業三個月，我只能安慰他：「至少你沒有犯法，看看新聞中配合醫師做假的藥師，不知道現在流落何方囉！」

其實，對沒有醫藥專長的病患，「未依處方給藥」以及「以不當的手段詐騙及影響其健康」的作為，在我們這些合法的專業人士看來，真是深深不以為然。

若我學弟如那新聞中的藥師，罔顧自己專業，配合診所說謊，進行「處方 A 藥給 B 藥」的行為，萬一東窗事發，實在是罪加一等，身為學長的我，一定會先去舉發他。

幸好我已經離開診所藥局了，不然這樣的掙扎，也許一樣會發生在我身上。

即使在診所「工作做一休一，薪水也比醫院高」，有這麼好的條件，但當我聽到醫師娘在隔壁診間很大聲地對醫師學長說：「你這樣賺太慢了，耳鼻喉科又怎樣，下半年給我增加醫學美容，我們也來做肉毒桿菌、玻尿酸除皺、淨膚雷射、電波拉皮術……這樣才賺得多。」語畢還留一句：「不然，你高爾夫球隊

裡，就你賺最少，有夠丟臉的。」我的心都涼了。

假設一個病人掛號費 200 元，診察人數不超過一百人，健保署都會給醫師診察費 320 元，從 25 人以後開始遞減給付，粗估一天若看診一百人次加上掛號費，收入約 39,550 元，遠遠超過一般上班族一個月的收入，若有開慢箋，健保署給付會更高，這些還不包自費打針一支至少 100 元起跳、櫃台賣的保健品、診所自營藥局的藥價差、醫師娘吩咐藥水倒越少越好，藥膏裝越少越好，糖粉加越少越好……等等其他增加收入的檯面下手法，哇塞，若真有心鑽研，開診所真的發了呀！

以那些收入再對照我們這些受聘藥師領的薪水，真的就只是直接從我們申報的調劑費中撥一些給藥師，診所根本不用多花錢就能請藥師，調劑費還要再被過一手，負責人更要掛我們自己，出事要我們自己扛，而醫師娘卻還一直想要減我們的薪水……。

想到這裡，隔天我就提了辭呈，直接回家接老爸那破舊的藥局了。

真話

學名藥、原廠藥，
有差還是沒差？

　　為什麼診所會想要「處方箋開高價 A 藥，發藥給低價 B 藥」？最重要的部分就在於「原廠藥」和「學名藥」間的藥價差。

　　原廠藥就是原開發廠生產出來的藥品，在專利保護期內，全世界只能有他在生產。

　　學名藥（Generic Drugs），就是「非專利藥」，是指原廠藥的專利權過期後，由合格廠商依照原廠藥申請專利時所公開的資訊，生產製作相同化學成分的藥品，即以相同方式複製該藥品。

　　簡單說，概念上就是官方 A 貨、超高級山寨版，或是口語化的說「台廠藥」，指的統統都是學名藥。理論上，學名藥的效果、品質與療效都和原廠藥相同，實際上，大部分學名藥用起來的效果，的確和原廠藥一樣。

　　所以學名藥和原廠藥最大差別，在於「價格」，相對便宜多了。

例如：電視常廣告的普Ｘ疼這成分，其實普Ｘ疼只是「商品名稱」不是「成分名稱」，但因為名稱普及化，大家就常把「乙醯胺酚（acetaminophen）」這成分，說成是普Ｘ疼。因為早就過了專利期，同成分的藥品，台灣幾乎每家藥廠都有生產，效果也都差不多，但冠上「普Ｘ疼」三個字，價格就翻了好幾倍。

　　這樣，原廠藥和學名藥，知道差別了嗎？

　　曾經有阿姨到藥局領藥，一進來就說：「你們有沒有這慢性病處方的藥，今天我看的診所沒開，我沒有辦法回去領第二次的藥，可是藥已經吃完了。我跑了好幾家健保藥局問，都說沒有這顆藥，這是怎麼回事呀，你們健保藥局都開假的喔！」

　　我仔細看處方，原來醫師處方是台廠藥，也就是學名藥的一顆降血壓藥。

　　就費用來說，這顆學名藥的健保給付是 10 元，實際和藥廠的進價成本是 5 元，中間差額 5 元，就是所謂「藥價差」。

　　若是使用原廠藥，一顆健保給付 13 元，進價約 12 元，中間的藥價差是 1 元。也就是說，若使用學名藥，診所的收入會比使用原廠藥還多 4 元。

　　當下直覺周邊藥局都沒用這顆台廠藥，因為藥廠真的很小很小，整區或許只有那家診所有用。所以原因可能是：

1. 藥價差比較好，利潤比較高。

2. 這顆藥比較沒有人會用，若是處方被病人拿出去，也沒有藥局會隨時都準備有這顆藥，病人就會再回來我診所領，我就可以再賺到一次的藥價差。

3. 健保制度希望我用越便宜的藥越好，所以我這樣做也迎合健保署的理念。

　　到底是哪個原因不知道，但我敢肯定不是因為效果好而選用這顆藥。經過我簡單解釋後，阿姨似乎聽不太懂，這也是可以預期的。不過看著阿姨懊惱沒藥吃的表情，我牙一咬，說：「阿姨，這樣好了，我給妳台大、長庚都在用的『同成分原廠藥』好不好？」

　　只是當我說完，那阿姨用一臉碰到壞人的表情對著我說：「奇怪，你們藥局怎麼都這樣，沒有這顆藥就算了，每一家都說要幫我換掉，拿其他的給我。不用了，我吃這個習慣了，你不用換給我，了不起今天不要吃就算了。」

　　最後，還用很不屑的眼角瞄著我說：「你們藥局就是喜歡這樣騙人。」轉身就走了。

　　人客呀！我給二十八顆原廠藥，我的付出成本是 28x12=336 元，但我卻只能「照處方」和健保署請領那顆台廠藥（學名藥）的健保價 28x10=280 元。

換句話說，我給阿姨原廠藥，就會馬上賠 336-228=56 元。還好，我還有調劑費，差不多也就是 50 元左右可以補一下，一加一減，還不能算我的藥袋成本、水電人事成本等等開支，最重要的還有專業諮詢及一顆熱忱的心，講明白，我這是在做賠錢的良心事業呀！如此還被不了解的阿姨當壞人看，真是有夠心寒的。

上面這例子，是單純從藥品金額的角度來說明原廠藥、學名藥的差別，而非效果差別。因為根據食藥食藥署的規定：「學名藥必須跟專利藥保持相同的高品質、強藥效、高純度、穩定性」。

的確很多學名藥，用起來和原廠藥感覺是相同的，所以一定要幫學名藥平反一下，其實迷信原廠藥並沒有意義。

當然，也有聽說醫院把某血壓藥換成學名藥後，就一堆病人抱怨血壓就是控制不住，劑量加兩倍都沒感覺，後來醫院只好全部又換回原廠的使用。

但……事情總是有例外呀！

當我還在醫院的時候，就有某精神科的藥品一換成學名藥，病人第二次回診時，就在藥局前面咆哮，說醫院的藥局都給假藥，害他回去一次吃五顆都沒有感覺。

不能排除是病人自己的心理效應，或是個人體質關係所導致

的結果。也因為太多原因都有可能，又多是個案，所以學名藥的「效果」不在本篇討論範圍之內。

事實上，不管是黑貓、還是白貓，能捉到老鼠的就是好貓，病人看醫師也一樣，不論學名藥、原廠藥，能妥善緩解症狀、把病治好的，就是好藥。

只是知道學名藥和原廠藥的差別後，以後在買藥時，其實可以不用拘泥於「廣告上說的那個牌子」，或是「處方用的那個廠牌」，不過當然也希望醫師能站在效果好的立場開藥，善用學名藥，提供病人更多便宜又好用的藥品選擇，健保也才不會那麼快倒。

但若是用「處方箋開高價 A 藥，發藥給低價 B 藥」，不僅有違醫德，也有負病人對醫師的信賴了。

自費藥，這樣用你放心嗎？

　　前面舉例了少數不肖診所使用的手法，或許你會認為小兒科小兒用藥隨便磨哪有差，老人家吊大筒早就成習慣，反正又死不了人，讓醫師賺點錢，也就算了。

　　不過真的死不了人嗎？接下來我要講的這個案例，可攸關全民健康。吃錯藥不會馬上死，但平常藥吃得太重，特效藥用得太氾濫，一旦大病來時，到底還有沒有藥可以用？

　　某個空閒的傍晚，鄰居阿姨慢慢走進來，第一句就這樣問我：「這顆藥一顆要 100 元嗎？」

　　原來事情是這樣的，阿姨因為長了唇部疱疹，有個「好心鄰居」說疱疹很危險，萬一從嘴巴邊爬到肚子長一圈，人就會死掉，所以大老遠從台北跑去鄰居介紹的新竹某皮膚科看診。

　　看診時，阿姨只記得醫師說了一句：「要不要用自費藥，好得比較快。」阿姨沒想很多，當下就答應了。可是到診所櫃台結帳時，赫然發現，這顆自費藥一顆 100 元。處方一天要吃

三顆，一共吃三天，所以光是自費部分，結帳金額就貴森森的 900 元。

阿姨被嚇到了，所以回到台北時馬上來找我問。

仔細看阿姨的藥品，診所給的用藥明細一共是三顆口服和一條軟膏，但實際手中是四種口服，加一罐外觀完全沒有標示的乳液狀藥水。

我東翻西翻，就是找不到那顆自費藥品的任何資訊。只好發揮福爾摩斯精神，先從藥袋上有列出來的名字開始刪除，原來處方上是給了：普 X 疼＋胃藥＋類固醇＋抗生素軟膏，對照實際藥品，只剩 1 顆六角形，淡淡橘黃色，上面有「CCP」字樣的藥品沒有名字。

CCP 其實是「中國化學製藥」的縮寫，於我把 CCP 的藥品目錄拿出來，直接翻到我最懷疑的一顆藥品「Acyclovir」，果然沒錯，就是這一顆。這顆藥本身固然沒有問題，但是阿姨當下的情況若使用這顆藥其實存在著幾個問題：

首先，疱疹是因為感染濾過性病毒而引起的皮膚病，可分為「單純性疱疹」及「帶狀疱疹」兩種。唇部疱疹多是第一型的單純性疱疹病毒造成，主要是感染嘴巴附近。典型的單純疱疹症狀會出現水泡群，通常這群水泡數目在十個上下，底部和周圍會有些紅腫。身體狀況較不佳時會一再復發，如：感冒、熬

夜、壓力大……，第一型單純疱疹有時候也會因日曬而誘發。

而俗稱的「皮蛇」，其實多指半的是帶狀疱疹，這是一種會痛的疱疹。出現在人體抵抗力下降時，它就會沿著神經線分布，長出一群一群的小水泡，會引發神經痛，因為沿著神經線蔓延，形成帶狀的疹塊，最後的樣子是一條長長的紅色皮疹，所以稱為帶狀疱疹。

通常帶狀疱疹好發在成人，特別是 50 歲以上的患者，當工作壓力大、熬夜、考試、忙碌、生病、癌症、免疫能力不全……，導致人體抵抗力下降時就會發生。誘發因子和單純疱疹很像。但阿姨因為只有出現嘴唇局部的疱疹現象，皮蛇的可能性很低，並沒有鄰居說的那麼嚴重。

另外，再搬出「健保給付規定」落落長的一段文字，我覺得有必要讓各位讀者看清楚，相信你一定會和我有一樣的懷疑：

10.7.1.1. 全身性抗疱疹病毒劑使用方式

1. Acyclovir：

(1) 使用本類製劑應以下列條件為限：

Ⅰ. 疱疹性腦炎。

Ⅱ. 帶狀疱疹或單純性疱疹侵犯三叉神經第一分枝 VI 皮節，可能危及眼角膜者。

Ⅲ. 帶狀疱疹或單純性疱疹侵犯薦椎 S2 皮節，將影響排泄功能者。

Ⅳ. 免疫機能不全、癌症、器官移植等病患之感染帶狀疱疹或單純

性疱疹者。

Ⅴ.新生兒或免疫機能不全患者的水痘感染。

Ⅵ.罹患水痘，合併高燒（口溫 38℃以上）及肺炎（需 X 光顯示）或腦膜炎，並需住院者。

Ⅶ.帶狀疱疹或單純性疱疹所引起之角膜炎或角膜潰瘍者。

Ⅷ.急性視網膜壞死症 (acute retina necrosis)。

Ⅸ.帶狀疱疹發疹三日內且感染部位在頭頸部、生殖器周圍之病人，可給予五日內之口服或外用藥品。

Ⅹ.骨髓移植術後病患得依下列規定預防性使用 acyclovir：

Ａ.限接受異體骨髓移植病患。

Ｂ.接受高劑量化療或全身放射治療 (TBI) 前一天至移植術後第卅天為止。

看了這一長串的適應症狀，幾乎是相當嚴重的症狀，才會使用這抗病毒藥物，阿姨不過是唇部疱疹，而且在給口服藥前，外用抗病毒藥膏都還沒用，在支持與觀察都沒有完成的階段，怎麼可以就直接給抗病毒第三線口服藥品呢？

食藥署疾病管制局的建議治療方式提到：「單純疱疹可以使用 acyclovir 治療，但僅止於減輕疼痛，加速潰瘍癒合，但並無法根治病人，也沒法阻斷疱疹的傳播。因此除非病人症狀相當嚴重，或危及到其他器官，否則不需給予治療。」

或許醫師治療時判斷無法達到健保能給付的規定，但一顆健保價十幾元，自費馬上變成一顆 100 元，還是很誇張啊！

既然是**健保能給付的藥品，怎麼可以叫病人自費？**，如果是處方需要，就請開出來讓健保給付。如果不是處方需要，也沒有道理叫病人自費。換個角度想，這也是目前「醫藥分業」不完整的實例。

　　當然，自費藥品不是買菜，還是需要醫師處方才能使用，但用這來賺錢，實在是不符合社會觀感及民眾的期待。就阿姨的案例來說，「處方權」和「給藥權」都集中在同一個主事者身上，病人沒有得到醫療及用藥的完整資訊。阿姨連自己吃什麼都不知道，只知道「自費一顆 100 元，三天多花 900 元」。看這一次病花了上千元。

　　若是能夠給阿姨藥名，請她到外面藥局購買，讓藥品價格回歸市場機制，至少不會被坑得那麼不爽。這也是現在美國的醫藥分業情形：醫師給處方，病人到外面自己信任的藥局買藥或領藥。而且處方中的胃藥也是多餘的，裡面沒有藥品會傷胃，事實上，大部分的處方藥品都不會。

真話

12

台灣人最愛吃的抗生素

　　就如同前面阿姨的例子，只要自費，一顆就要 100 元，普遍常見的自費藥品就是胃乳片，或是抗生素，又或像是阿姨吃的那種「抗病毒藥」。

　　我不得不提提「抗生素」這玩意兒，因為吃對治你病，吃錯要你命！

　　根據食藥署的資料，台灣一年吃掉 100 億的抗生素，這還不包括自費的部分。而每年的新聞也一定都會提到「台灣抗生素抗藥性全球第一」，看在我們藥師眼裡，隨著抗藥性的提高，其實很擔心快要沒有藥可以用了。

　　健保署其實有嚴格審核抗生素的藥費給付，就是在設法限制抗生素的不當用藥。但有效嗎？我們常看到病人的藥品中有開處方抗生素，經常是跳過第一線藥物，直接給處方第二線、或是第三線抗生素，而且為了避免健保署的抽審及核刪經費，可能直會直接給號稱「最好、很貴、要自費」的藥，來避開申請

健保給付的麻煩事，順便再賺點藥錢。

台灣第一線抗生素的抗藥性比例實在高的嚇人，根據國家衛生研究院第 399 期電子報，一些細菌對第一線非管制抗生素的抗藥性比率高達 80% ～ 90%，換句話說，第一線抗生素幾乎都沒效了。曾經有認識的耳鼻喉科醫師，來藥局聊天時對我說：「這一區抗藥性勉強還好，我有顧著，但 XX 區那邊就不行了，大家抗生素開太大，連第二線都勉強用著而已，幾乎都要用第三線才行。」

事實上，抗生素的抗藥性問題，真的比一般民眾想像得還嚴重。

抗生素的抗藥性產生，最重要原因是**濫用抗生素、沒有完成療程**，推波助瀾的原因是台灣「看病排隊」的文化，只要哪位醫師的門診、哪家診所排隊排得長，代表醫師醫術好，藥到病除。藥開越重生意越好，所以醫師們大多開藥不手軟，健保能給付當然開，不給付就用自費開，反正病人要的就是速效，給藥就好，管他以後有沒有藥可用。

抗生素不是消炎藥

對於抗生素，常見很多民眾都會因為喉嚨痛，覺得自己喉嚨

發炎了，或是覺得感冒了，就直接到藥局買兩顆消炎藥來吃，其實，「消炎」這名詞，是被錯用了。所謂消炎藥最常指的是「非類固醇類消炎止痛藥（NSAIDs）」，是專門針對「紅、腫、熱、痛」這四個病徵的藥品，例如大家一定有聽過的「阿斯匹靈」。

而抗生素是專門用來「殺死細菌或是抑制細菌的繁殖」的，本身既不能消腫，也不能退燒，更不能止痛。只能針對細菌感染的問題，換句話說，像感冒這種病毒感染的疾病，是完全沒有效用的。

但為什麼小兒科或是耳鼻喉科診所，醫師幾乎都會在每張處方中下抗生素，甚至因為怕沒有效，就跳過第一線選擇，直接叫病人自費使用第二線或是第三線的抗生素，甚至沒有經過細菌培養動作，直接以「醫師經驗判斷」就用下去了？

不討論醫師經驗判斷的臨床專業問題，其實若沒有發燒、黃鼻涕、膿痰、中耳炎、鼻竇炎等這些「細菌性感染現象」，用抗生素都沒有意義，千萬不要自己要求醫師要加抗生素來吃，吃得越多，只會讓你大病來時無藥可用。

還有一個問題是「預防性投藥」。就是為了預防細菌感染，在還沒受感染時就先使用抗生素，來預防後續的感染。這一直是很有爭議的用法，正反兩面都有人支持。預防性投藥對於醫院中的手術感染防治有其意義，但在一般診所多只是病毒感染

的上呼吸道問題，用抗生素預防細菌感染，實在很像大砲打小鳥，因為照理說，**沒有細菌感染，就不需要用抗生素。**

藥師小辭典：何謂一、二、三抗生素

抗生素依健保藥品給付規定及醫師臨床經驗，使用上簡單區分為三線抗生素。

第一線抗生素是安全性高、使用時間較久的用藥，例如：青黴素和紅黴素；治療上，在第一線抗生素就有效時，儘量就使用它們而不要用後線的抗生素，讓後線的抗生素保留用來治療對第一線抗生素已有抗藥性的細菌。

第二線抗生素，是第一線抗生素治療無效後，再使用的用藥，如：塑化劑風暴中的安滅菌，在醫院裡就可能屬於管制使用的藥物。有一定流程才能處方，需要時，還必須會診感染科醫師才能使用，不會像一般診所隨意就處方，且因為診所可以採用自費或贈藥方式，能簡單就規避健保署的監督。

第三線抗生素，算是最後一線使用的抗生素，例如：速博新（Ciprofloxacin）、萬古黴素，使用上的規範相當嚴格，另外還有對付「超級抗藥性細菌」的抗生素，例如老虎黴素。

有興趣的朋友，可以參考疾管署的「抗生素管理手冊」。

抗生素管理手冊
https://www.cdc.
gov.tw/uploads/
files/201601/
fa3be5b4-7a0d-
4ed1-b930-
1eb97f711b7c.
pdf

用藥氾濫的例子屢見不鮮,甚至還有醫師鄰居阿姨說她聽過抗生素有治療「鼻子不通」的療效,讓患者把抗生素當成家庭備用藥使用。事實上,只要符合健保處方規範,在有治療需要的情形下,是可以給付抗生素的。但荒謬的是,抗生素對於「鼻子不通」根本沒有直接效果,而且這是醫師處方藥,不應該作為家庭用藥囤積使用。

抗生素對七成門診病患沒用

根據聯合晚報的報導指出,國內抗生素濫用情況嚴重,除了加護病房,就連門診患者也淪陷了!國家衛生研究所與國內多家醫學中心在培養門診患者尿液菌珠,結果發現,患者對於多種用來治療大腸桿菌的抗生素都有抗藥性,其中 Ampicillin 抗藥性高達七成一。

至於第二線抗生素「撲菌特」(Baktar),國內門診患者的抗藥性也高達了 54.7%。換句話說,超過一半以上門診患者即使用到了第二線抗生素,病情也無法獲得控制。

到於第三線抗生素「速博新」(Ciprofloxacin),國內 16% 門診患者產生抗藥性,而美國門診患者則僅有 6.8%。所以說患者可能面臨無藥可用的窘境,真的不是說說而已啊!

抗生素的使用選擇是一門學問，我打個比方來說明：各種的抗生素就像各類武器，第一線藥物就如同步槍，第二線就像火箭筒，第三線就像飛彈。

　　選擇抗生素，必須看敵人是步兵還是坦克，針對不同對象去選擇武器。若敵人是坦克你卻選了步槍去打，根本沒效。若敵人只是步兵，你卻用飛彈去打，第一次應該是有效，但浪費資源，且下次敵人可能直接開飛機過來轟，這就是「抗生素選擇錯誤」的問題了。

　　雖然本次治療應該有效，但卻可能造成抗藥性的產生，且武器越大，後座力越強。萬一飛彈的後座力太大，一樣也會傷到自己，也就可能會出現「藥品副作用」。

　　若沒有經過醫師處方，自己隨便使用步槍亂打，想說「預防敵人偷襲」（預防性投藥），有可能當敵人真的出現時，早就習慣步槍的威力，原本步兵級的細菌直接升級為坦克級（有了抗藥性），第一線的武器已經失效，你就少了一個藥品可以選擇。

　　事實上，藥局不應該販售抗生素，民眾也不應該沒有醫師處方箋就自行購買，診所更不應該為了賺錢或是規避健保審核，就叫民眾自費抗生素。

想速效，不遵醫囑，
用藥大忌

　　台灣民眾的用藥知識缺乏，資訊來源常常只有「聽某人說」。在實際用藥方面，多只一味要求速效，最好一兩包就好，然後只要感覺比較好就不繼續吃藥，這都是完全錯誤的觀念。

　　就如同感冒，這類病毒性感染的疾病，一般就是症狀治療而已，即使不吃藥，一週左右也會自己好。若要吃藥來緩解症狀，就是有咳嗽給咳嗽藥，有鼻塞給鼻塞藥，諸如此類。

　　怎樣感冒好得最快？太簡單了，藥下重一點就好了。想更強一些，類固醇丟一顆下去，包君滿意。所謂的「好」，其實也只是緩解症狀而已，但是吃重藥不是我們建議的方式，最好還是溫和有效，會讓人症狀減緩而舒服就好。

　　如果真的要使用抗生素，是要有一定療程才行，而且不是只吃一兩包就好了。打個比方，抗生素就像正規軍，細菌就是反抗軍，一定要一直把反抗軍打到沒有力氣反抗，才不會在身體裡作怪。若只是隨便打兩下，反抗力氣稍微變小，我們就把正

規軍撤下來，那等反抗軍休息夠了，就又會再次作亂，而且反彈力道更大，原來的正規軍可能就沒效了，這就是抗生素產生抗藥性了。

也就是說，當抗生素在開始發揮作用時，會有大量細菌被消滅，我們的病情也因而得到改善。然而，這並不代表細菌都真正被消滅了，仍然會有少量殘留在身體的病菌活著，它們正伺機反撲，所以，應該繼續治療的療程，防止病菌因為變種及產生抗藥性而出現反撲現象，令原先有效的抗生素變成無效。

所以，只要使用到抗生素，都有所謂的療程。一般門診的使用療程會是三～十四天，肺結核可能是六個月～十二個月，看疾病情況及藥品種類而定。但都絕對不會是只吃一兩包就可以停藥。

所以，建議大家在看診時，記得問一下有沒有抗生素，若是有，就請遵照醫師吩咐，把藥品全部用完，絕對不要自行停藥。萬一接受抗生素治療二～三天後都沒有起色，這時也不要自己隨意停藥，應該回原醫師那邊，請原醫師重新再評估病情就好，千萬不要一直換醫師看診，這樣根本無法做到「病情追蹤」的動作喔！

# 「自費」用藥，到底該不該？

講了這些自費用藥的例子，肯定多少有「我也有碰過或聽過」的感覺。因為「診所自費」的餅很大，難免會有醫師或診所這樣使用「不需要的自費針、不需要的自費藥」，或是用所謂「更好的藥」。

教大家，下次要是醫師說「這顆藥要自費」，就請醫師「把藥名寫出來」，說「我想要回家再想想，看看資料」，然後一定要加「後天我回診時再決定」。不然，有些利慾薰心的，是打死也不和病人說明白給你吃的藥到底是什麼東西，總之，有錢收就好。

你要問我個人看法，我會說「非治療必要」的項目，叫病人自費就是不對。不需要的東西怎麼可以叫人家吃？天地良心呀！

再回到鄰居阿姨的案例，要病人自費這顆健保有給付的抗病毒藥，實在太過不該，罪名如下：

1. 該醫師疑似未按照治療指引，治療疏失在先，劣！
2. 健保可給付的藥品，強迫病患自費，違反規定，劣劣！
3. 該筆自費未給貼有印花稅的收據，明顯逃漏稅，劣劣劣！

病人如果覺得被騙，其實是可以保留所有收據、藥袋、藥品，然後：

1. 向「衛生局」檢舉。
2. 向「健保署」檢舉。
3. 向「國稅局」檢舉。

　　只可惜，病人永遠好騙又難教。這位阿姨聽我解說完，似懂非懂，一副不相信我所說的樣子，還對我說「先生怎麼可能會這樣子！」

　　很好，我最喜歡接受挑戰，直接叫她去附近認識且有口碑的皮膚科，約好掛號費我出，現在就過去看。回來之後，馬上檢查處方，果然沒有處方那顆抗病毒藥物，也沒有叫阿姨自費口服抗病毒藥物，倒是給了一小瓶分裝的抗病毒藥膏，叫阿姨擦擦，止痛藥吃吃，多睡一點，幾天就會好。

　　問阿姨要不要檢舉前一家診所，阿姨居然還說：「唉喔，不要啦，人家是先生耶！怎麼可以檢舉。」

　　是吧！是吧！病人永遠好騙又難教。各位朋友，看過這章節後，知道該如何維護自己的用藥權益了嗎？

真話 **14**
診所藥師不好當

　　診所藥師的薪水行情通常比醫院再高一些，但老闆是醫師，所以生殺大權完全要看醫師的臉色。

　　工作不穩定，隨時可能被炒掉；三節獎金不一定會有，必須先和醫師老闆談好；必要的學分費用誰出也要講好；其餘上班時數、特休有無這類問題，統統建議必須在去上班的一開始就全部談好，簽個合約，全部白紙黑字載明，保障彼此權益，以上都是一般工作的準則了。

　　對於剛出社會沒多久，想快速累積第一桶金的年輕藥師，診所是一個不錯的選擇。要是拼一點，就包全班，全年無休，有開診你就上班，一個人當兩個人用，這樣每月月薪幾乎都可以突破 10 萬，反正包了全班，哪兒也不能去玩，有心的話，只要一年，一桶金絕對沒有問題。

　　可惜，雖然收入不錯，但診所對於年輕藥師不是長久之計，很重要的一點是，診所不太能學到東西。

診所內工作單純，多以調劑為主，能看到的藥品，就是老闆醫師所使用的那幾種（可能就一百種不到），和醫院所能看得的藥品（可能上千種）差了十萬八千里。

　　臨床方面，極少數診所要求藥局不能講太多，有問題一律回去問醫師，免得醫師個人習慣使用（也或許不符合常規）的用藥方式被藥師過度解釋，因而干擾醫師的看診情形。

　　還有一些比較黑暗面的，例如醫師要求「開 A 藥給 B 藥」，因為 A 藥價格貴，和健保申請高價的藥品，但實際上給低價的 B 藥品來賺價差。

　　這時要考慮的，是該配合老闆？還是遵守法律？

　　配合老闆，就是犯法，新聞隨便看都看得到這類被健保署抓包的新聞，結果都是藥師被罰，因為發藥動作是藥師負責，「未依處方給藥」當然抓藥師。老闆只要一句話：「我不知道我的藥師怎麼會這樣做。哎呀，真是後悔聘僱了這種藥師。」就直接脫勾。

　　配合老闆犯罪，但老闆無罪，自己卻犯了法。

　　換個角度，萬一拒絕老闆的「命令」，你的工作就可能不保了。這時又該怎麼辦？

　　給個真心的建議，假如碰到這種情形，請直接拒絕，丟了工作總比犯法還好。若能真誠和醫師溝通，說不定人家還比較看

得起你。萬一被炒，反正是非之地也不宜久留，快閃為妙。

記得，閃人前要先蒐羅證據，當污點證人和健保署檢舉去喔！

 ## 若以為只有醫師難搞？那你就想錯了。

實際上，大部分醫師很好溝通，也很照顧藥師，若碰到這種好老闆就請好好把握，臨床不懂就問老闆，絕對不要不好意思，和老闆多學一點東西，學起來就都是自己的。

「面子不值錢」，千萬要記得這一點，裡子才重要。

那誰難搞？別忘了還有每天和醫師睡一起的醫師娘（雖然有醫師是和櫃台美眉們睡，不回家和醫師娘睡的，但那是題外話了）。

萬一碰到觀念不正確，或是明顯帶有偏見的老闆娘，那你就可憐了。

假如深信自己對我同學以下的遭遇能忍受，那或許你還滿適合在外面闖蕩：

調劑正忙的時候，醫師娘叫你去掃門口的煙蒂；調劑正忙的時候，醫師娘叫你去對街便利商店買飲料；調劑正忙的時候，醫師娘叫你去買垃圾專用袋，五分鐘之內她就要；調劑正忙的時候，突然進來調劑室叫你這個藥擺這邊，那個藥擺那邊，然

後就出去了；調劑正忙的時候，叫你去把外面櫃台的 OTC＊產品擦乾淨，因為都是灰塵怕賣不掉；三不五時冷嘲熱諷，說領那些錢就只會抓藥⋯⋯

總之，工作永遠要面對很多種人，訓練一下，修身養性也是不錯的想法，畢竟，診所不會開一輩子，你這診所工作，也不可能靠它吃一輩子。

📋 診所藥師要注意報稅的細節

健保署的每月藥品費用和調劑費用，原則上都會是匯到藥師的藥局聯名戶，但大家也都知道，那本存摺和印鑑不可能放在藥師手上，而這又會牽扯到年度報稅的問題。

因為診所藥師領的是醫師給的薪水，不是健保署核撥下來的調劑費（薪水絕對少於調劑費，所以，其實你的薪水是健保署給的，醫師過一手），藥價差更沒有賺到（醫師賺走），但年度繳稅的時候，因為藥局負責人是藥師，所以藥局的相關稅務會算在藥師頭上。

不是藥師賺的錢，這筆應付的稅金必須和醫師算清楚，這點，

＊ OTC 是 Over-the-counter 的縮寫，在櫃台就能買到的藥品，廣泛指所有擺櫃台外面的產品。舉凡常見的普拿騰、濕濕、激勵這類都算是，又可以延伸到所有保健品的意思。

也建議在一開始談工作條件的時候就載明在合約裡。

談錢傷感情，但公事公辦，先講好就天下太平。

藥師教你聰明自救法則

家長都要懂的兒童專用藥

看到這麼多診所的奇怪現象，想必大家心中又是一片恐慌，其實平日自己先做把關，不論醫師或是用藥，都會更安心，而以下幾點都是大家平常就可以做到的：

1. 小朋友生病要用兒童專用藥品

在台灣，兒童要使用兒童專用藥的觀念，並沒有這麼普及，根據醫改會的兒童用藥調查：

- 近七成的家長不知道有專為小孩設計的兒童專用藥劑。
- 高達六成二的家長擔心，小孩吃藥有藥量過重或不足的問題。
- 近五成五的家長反應，小孩的藥袋沒有註明副作用。

相信看到這邊，還是有很多人不知道有「兒童專用藥」，包含了液劑、糖漿、顆粒、咀嚼錠等，不是只有糖漿一種而已喔！但是既然你知道其中的風險，在看病時可以從幾個方面來注意：

平時可以先上醫改會＊網站或電詢醫療院所，找有提供兒童專用藥的院所。若是診所，也可以在門口先看一下是不是走出來的病患都是領分裝藥粉。

在醫師面前，更要勇敢開口請醫師開給兒童的專用藥。領藥時，也要向藥師確認給的是否是兒童專用藥。

醫改會

＊ 醫改會網站提供兒童專用藥的院所資料。
http://www.thrf.org.tw/

在台灣一直有從日治時代留下來的「白袍迷思」。鄉親啊！假如和醫師討論時，他不願意理你，光是「沒有傾聽病患的心聲」就可以打不及格了，下次就換一家院所看。反正，滿街都是診所，滿街也是都是「院長」呢！

當然，兒童專用藥品的數量有限，不是所有藥品都有相關製劑出現，所以在很多情形下，的確也只能磨粉給小朋友使用。

所以，如果拿的是磨粉藥，可以在回家後，上健保署網站查有哪些可替代的兒童專用藥，並於下次和醫師討論看看；若是醫院，就可以寫院長信箱，直接建議醫院採購使用。

若是怕磨粉時藥品污染，想拿回家自己磨？一般大朋友一次一顆的情形下，當然沒問題，但若是一次三分之一顆，對家長來說，這問題就大了。不得已，除了讓藥局磨好之外，也只能找替代藥品，所以說藥廠若能多開發「兒童專用藥」，對用藥品質的提升，將是一大福音。

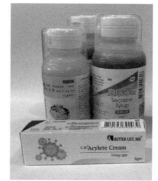

左側為兒童專用藥品，右側為診所常見的分裝藥。

2. 看病一定要拿「收據」和「用藥明細」

有了收據，就可以知道有沒有多收「沒有說明的自費藥」，而且「凡醫療性的自費收據正本，全部都可以抵稅」，這點夠吸引人了吧！所以說收據要不要拿？不拿是笨蛋，被噱一筆又不能扣稅都是活該。

而用藥明細則關乎「我吞下去的到底是什麼？」，不會有人呆到人家拿什麼給你吃你就吃，完全不想一下吧？別懷疑，這種人占絕大多數，因為即使拿了也看不懂。

　　除了知道自己吃了哪些藥，還有一個重要的原因：「萬一吃出問題，才有證據」，看是醫師處方問題，或是藥師調劑錯誤，或是兩個人都有問題，有了用藥明細，就可以清楚辨別兩者的責任了。

3. 取得正確的醫藥資訊

　　要聰明自救，就要搞清楚手上用藥明細是什麼，現在網路資訊非常發達，只要用關鍵字一查就能找到成千上萬的資訊，我提供大家幾個實用的網站，多少可以對手邊的藥品做最基本的檢視：

・ 健保用藥品項查詢

http://www.nhi.gov.tw/Query/query1.aspx

沒錯，所有健保有給付的藥品，統統在裡面。對藥品有問題？把手邊醫師給的「用藥明細」拿起來看，按照搜尋條件打進去，所有最詳細的說明，甚至是藥品原廠說明書都可以直接看到呢！

健保藥品查詢

・行政院食藥署

http://www.doh.gov.tw/cht2006/index_populace.aspx

這個網站包山包海，資料絕對權威，而且抓到錯誤的機率極低。

行政院食藥署

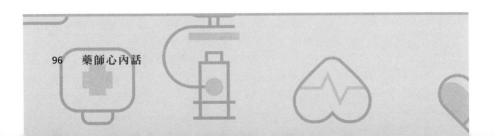

· 美國 FDA

http://www.fda.gov/

權威中的權威，如果英文能力夠好的，直接從這裡查最快。

各大醫院網站通常也都有該醫院的用藥資訊，或是疾病及衛教資料，都是很好參考的來源。

最重要的，千萬不要聽人家說、我鄰居說、網路上說，要知道網路上獲得的是「資訊」，不是「知識」，離「學問」更是遙遠。千萬不要隨便網路找找就以為很懂，然後還拍影片和藥師相爭醫學理論或用藥技巧，我們是長時間學習的專業，素人網紅，真的還差得遠呢！

專業的東西，還是直接問我們這些專業人士，快又直接，你說是吧！記得，最後要是能再賞點生意進門，更是皆大歡喜呀！

你拿到的藥跟處方箋上的一樣嗎？

2009 年蘋果日報報導，某醫師開立「美國仙丹」類固醇治療疾病，卻瞎掰藥名隱瞞開類固醇的事實，讓病患無法追查。

雖然臨床可見，且該醫師回應他不否認會給感冒病患開類固醇，但強調絕非每個病患都開，並指：「我們有些醫師比較鬆散！」

還說，也可能是藥局把藥單上標示的化痰藥搞錯，拿錯成類固醇。可見得像我學弟那樣由藥師背黑鍋的案例，怎麼會是特例呢？

在自己接下藥局開業之前，我決定先到同學的小連鎖藥局學學經驗，以後才能憑自己的力氣，也開家藥局賺錢。

因為同學的藥局生意實在是好到爆，所以我決定帶著從醫學中心汲取的豐富經驗和來自診所的震撼教育，從社區藥局中的小小藥師從頭開始學習，尤其是關乎未來的重要課題——怎樣賣東西。

你沒有看錯，就是「賣東西」。

PART 3

選藥局要當心
不良藥局
不告訴你的真心話

真話

平平都是退燒藥，
怎麼賣才好賺？

就我目前經驗，一般民眾進來藥局，通常第一個問題是：「有沒有 XX？」然後，第二個問題就是：「多少錢？」

邏輯就和去市場買菜一樣，東西有就好，價錢便宜就好，一家藥局裡有沒有藥師？並不是買藥時的重點。這就像兩秒前那個路過的小姐，她進來說要買鑷子，到櫃台來問價格。

我告訴她要 20 元，那小姐只說了一句：「太貴了，我以前買只要 18 元，你這邊賣的東西比較貴。」說完，就把鑷子直接放在櫃台，轉身就走。瞧！真的就只是買東西和問價格而已。

在同學的連鎖藥局上班第一天，早上八點半，剛剛把鐵門打開，馬上就有一個年紀好大的阿嬤慢慢走進來，說要買退燒藥水。

「阿嬤，是誰要吃的退燒藥？」我問。

「我先生啦！」阿嬤說。

這時，醫院受過訓練的反射就出現了，我問了病人的病史、

目前情形、身高體重……。確認病人是八十歲老人家，平日臥病在床，沒有吃特殊藥品，但行動不便，還有插鼻胃管餵食。

當下決定用「水藥」，不要給錠劑，這樣比較好餵服，架上也有一般醫院就有在用的退燒藥水，一瓶市售只要 50 元而已，便宜又大碗。

剛決定好要給的藥物，也確認了病人體重，正開始心算使用劑量應該是多少的時候，資深的助理小姐走過來問我：「藥師，什麼事想那麼久？」

我簡單重複敘述一次以後，助理小姐對我笑笑：「藥師，這簡單，我示範一次給你看。」

她的笑容好燦爛、好陽光，我好喜歡這份新工作喔！

只見她手邊拿起了一盒退燒藥錠劑，上面還有特別註明「膜衣錠」，意思就是說：藥品設計成整粒吞服，最好也不要磨碎的意思。放心，這牌子你肯定沒聽過，也不是知名藥廠。

我相信我有和助理小姐提到那位阿公是管灌病人，因為她帶著阿嬤去結帳時，有說：「這個回去磨粉給阿公吃，一天吃四次，一次一粒。家裡有沒有研缽，這要磨粉給阿公吃喔！」

想當然爾，阿嬤又帶了一個研缽回去，退燒藥一盒 100 元，小姐可以抽獎金 5 元，研缽一個 200 元，小姐可以抽獎金 10 元。

而我選的藥水──一毛獎金都抽不到。

這第一天的經驗，給我大大的震撼：「原來，藥局要這樣賺錢呀！」真的，那時助理小姐她的笑容好燦爛、好陽光，而我好猶豫這份連鎖藥局的新工作。

討論藥局的利潤之前，我要先簡單說明兩個名詞。

- **淺貨**

  有利潤，別家藥局也很難找得到的東西，但知名度可能很低，甚至沒聽過。

- **大色貨**

  沒有利潤，別家藥局也應該都有，知名度很高，例如：大部分的廣告藥品。

所有藥局當然最喜歡淺貨，討厭大色貨，因為大色貨可能會因為藥局互相惡意競爭的關係，賠錢賣都是有可能。

我到現在還是不明白，所有商店開了就是要賺錢，怎會有一個行業老是賠錢在賣東西呢？

不信，去比比小屈或是康康美和附近隨便一家藥局的普Ｘ疼價格，你一定會驚訝：「怎麼比小藥局貴那麼多？」

或是冬天時大賣的小白兔暖暖包，賣場一定都是 100 多元，

但你去藥局看看，賣低於 90 元的比比皆是。

對，很多藥局就是不想賺錢，連衛生紙都要賠錢賣。所有廣告產品，藥局統統平成本賣，或是賠一點賣，那要賺什麼呀？

「平成本賣是不應該，賺 1 元叫賺太多，賠 1 元以上才是正常。」這是我後來準備回家接藥局時，已經有十年經驗的同學，語重心長教導我的最後一句話。現在回想起來，他對我真好，把「江湖一點訣」都說出來了。

為什麼藥局會這樣？不想賺錢嗎？都是做良心的嗎？──拜託！怎麼可能是做良心的，我們也要吃飯，也要付水電房租啊！

自從我踏入外面藥業，就發現了這個現象：「只要是廣告有看過的，一律殺到底。」這樣做，不外乎一個原因──吸引客人。

現代社會有個低價現象，哪邊便宜哪邊去，就知道，大家都是在拼低價。

沒有看過實體？──沒有關係，網路有圖。

沒有藥師可以問？──沒關係，網路隨便找一下就有，管他資料來源正確與否，有人貼上去就算數了。

所以，有些藥局會把常見的廣告產品，直接以成本賣，甚至是賠一點點賣，目的就是把你引進門後，然後「轉」其他商品讓你買回家。誰賠錢賣會開心？所以，廣告商品拼低價成為藥局的行業內規，原因不外乎：

- 原因 1：附近這一區都賣這種價格，我只好「跟價」

  不然看附近的小屈和康康美賺得那麼開心，我的良心藥局都沒有客人，怎麼讓人不痛心。

- 原因 2：我就是要賠錢賣，把別家藥局的客人統統吸到我的藥局

  反正客人上門以後，只要想辦法，讓他買下其他有利潤的淺貨就好。就算賠九個，有賺到一個就發達囉！

  這時候，要是我的銀彈比較深，就可以削價競爭玩到別家藥局都倒光光，那這一區我這藥局就獨大了。

- 原因 3：什麼，隔壁便宜我 1 元？拼了，再降 2 元。

  不要問我為什麼這樣賣？我也不知道，大家都這樣做，我也是千百個不願意。但一般藥局真的都這樣──拼低價，吸來客！

　　我和之前某大陸城市名的藥局詢過價，他們不管是處方藥、還是指示藥，統統都是便宜出名的，害我都有點想去那邊批藥回來賣。整個藥界就是被這些藥局搞得像菜市場一樣，比我們小時候可以殺價賒帳的雜貨店還不如。

　　合法的藥局裡可是有藥師的，專業不用錢嗎？看診都要先付掛號費才看得到醫師，我們站櫃台笑笑對著人客，還要被念到

臭頭，說我賣的東西比某家藥局貴 1 元。

　　所以，若是要買廣告上面看到的產品，強烈建議多找幾家藥局問問，一定有一家特別喜歡拼低價的，假如只在乎價格的話，貨比三家絕對不吃虧，就在那邊買，別去小屈或是康康美買了，但品質就比較難說了。

　　當然，拼低價的那家藥局，想從其他商品賺消費者錢的機率也很高，如果被強力推銷其他東西，你一定要有定性，沒辦法，廣告藥品沒賺錢，當然要想盡辦法賣你商品，所以只要廣告產品買好，就馬上閃人，其他東西千萬不要再回去那家買。

　　不然，說不定省了小錢，卻被少數的不肖藥局當成肥羊，砍了一大筆都不知道。

真話

賠奶粉，賺鈣粉

　　既然藥局的利潤不是這種廣告藥品，那會是什麼？當然就是「保健品」，這裡可代入所有可能有效、可能沒效，反正不是藥，也吃不死人的那種產品。

　　大家都知道，**奶粉、尿布一定要去藥局買**，因為真的賣得很便宜。

　　這樣的操作方式，目的就是**用便宜奶粉和尿片把貪便宜的家長吸進來，然後想盡辦法賣給他們有賺頭的保健營養品。**

　　假設一罐奶粉開罐賠 50 元賣出，反正奶粉一週只能開一罐，賠的有限，但假如能讓媽媽買一瓶沒什麼用的鈣粉，利潤一下就出現了。

　　這就是藥局的亂象：「削價搶客，然後轉貨賺錢」。

　　既然如此，到底還有沒有「好一點的藥局」呢？

　　有，路上其實還是很多，不過那些藥局因為不想賠錢賣，不想平成本賣做白工，畢竟連路邊攤賣衣服也不會這樣玩，好一

點的藥局就容易被鄰居打入不肖藥局的行列，而外面路上賠錢賣的不肖藥局，鄰居們都說：「那是好棒棒的藥局。」然後每個鄰居進去都被「砍」得好開心，一進門沒有幾千元是出不了藥局的。

在這樣的惡性循環下，好一點的藥局來客不多，收入自然就少，很容易就歇業了。只能說，那些不肖藥局的行銷策略真是做對了，因為一般民眾真的吃這一套。就有某位同業還在網路上秀出自己的那一台原廠海神鑰匙圈和大家炫耀，惹得一堆學弟妹們都雙擊 666，整個高潮狂喊偶像，拜託，知道內幕的我才不起鬨呢，因為明白他是如何賺錢的，不恥哪！

我在同學的連鎖藥局實習時，正是台灣奶粉尿布市場行情正好的年代，出生率不像現在那麼低，每天都能見到新手媽媽進來給我們「砍」。

說真的，每當賣出去嬰兒保健品時，心中真是無限歡欣。
——一瓶就可以抽 50 元耶！

這些嬰兒保健品買二送一、買三送二……促銷活動一堆，只要賣得愈多，我們就抽得愈多。同學當然很敢給獎金，因為這些保健品是他自己找食品包裝廠（不是藥廠）包裝的產品，賣一瓶就現賺五瓶回來了，我們努力領獎金，同學也努力發獎金，大家都開心啊！這麼好賺怎麼不開心呢？

最高紀錄是一個月內，有同事可以賣出一百多瓶嬰兒營養品，那一瓶賣價行情可是 1,000 元以上喔！

初期，我賣得很開心，獎金也領得很開心，畢竟每週都可以領到現金呢！

不過，有一次在賣嬰兒保健品的時候，一位年輕媽媽用很真誠的眼睛看著我問：「藥師，這東西真的好嗎？真的沒問題吧！」當下，我突然語塞了。

看著她的眼睛，再轉頭看其他同事正口沫橫飛的介紹「產品」，我突然覺得很愧疚，這東西其實不吃也是可以，而且老實說，我自己也不想吃這家「包裝廠」做出來的東西。

我當下緩緩地說：「其實，這東西還好而已。還有更好的，只是老闆叫我們主推這個，所以我先拿給妳。我另外拿給妳這個好了，這個一定會更好。」

我後來拿的營養品，一瓶可以抽獎金 70 元，且販售價格更高，店裡績效看起來也更好，大家都開心哪！

也就是說，這些極少數不肖藥局的利潤，有一部分就是這樣產生的。舉這個例子，正是因為有太多次的類似經驗，讓我慢慢忘記自己是個藥師。

現在有時在其他藥局或是賣場，看著其他不認識的藥師朋友，或穿著白袍的工作人員，口沫橫飛在推銷產品時，總會回想起

當時昧著良心的經驗，真的感到很不好意思，因為幾年前我也是其中一員。

當然，我必須老實說，開業就是要賺錢，合理與否罷了。

理論上來說，並不是所有進來藥局的民眾，都能判斷自己選擇的藥品或是保健品是不是對的，產品的品質好壞，其實一般民眾也根本不清楚，所以藥局應該有合理的利潤，好來支付藥師的專業，提供給民眾，最終受益的也是一般民眾。

你想，去診所都還要付掛號費，到藥局問價錢後，再去其他更便宜的地方買，對做白工的藥師來說真是情何以堪！

真想大聲說：「藥師不是廉價品，我們也是有專業知識的人員，想獲得請先付出。」

若能這樣，就真是太美好了，可惜這幾年的經驗大部分都是：「你說的都有理，但好像有別的地方賣的比較便宜。我再考慮考慮，謝謝喔！」或是：「網路上賣的更便宜，你這間藥局有夠不老實的。」

只能說，還是有很多好的藥局，需要街坊們的實質鼓勵呀！

好的藥師能夠提供給你專業建議，起碼讓你不要被那些砸大錢的廣告商品給騙了，所以想要好的藥師給你良心諮詢，請大家先擺脫買藥像買菜，殺價不成，就凹送蔥的習慣吧！

畢竟，開店就是要賺錢啊！

一種米養百種藥師，你想找哪一種？

附近的鄰居偶爾會和我抱怨，轉角過去那家連鎖藥局的藥師問什麼都不懂，裡面穿白袍的人那麼多，只是拿醫師的處方箋問一下：「那個藥是吃什麼用的？」卻沒有人能答得出來，他們只會一直問客人說：「要買什麼？」然後一直跟在顧客後面，或是一直不賣客人想要買的藥，說吃他們的維他命就好。

「你們不是都是穿白袍的藥師嗎，怎麼程度差那麼多？」，而鄰居的疑問，應該也是很多人的疑問。

事實是：不是每個穿白袍的都是藥師，很多只是「助理」，也就是那家藥局聘請的員工而已。這種情形，尤其是在連鎖藥局或藥妝店更是常見。

為什麼呢？原因很簡單——因為藥師太貴了。

通常一家藥局最多配置兩個藥師，一個早班一個晚班，其他的部分讓員工看著就好。至於假日有營業的藥局，有沒有藥師當班可能又是另一回事了，反正衛生局放假，也不會有人來稽查啊！

看看大賣場裡面的藥局，那麼多穿白袍的人在推銷東西，甚至還會擋在通道中間和我說明：「今天特價多少，優惠多少」，

我就不信每個都是藥師，因為人力成本太貴，藥局根本請不起。

我想，大家也都猜得到哪幾家藥局是租牌來的，因為隨時去看，正牌藥師一定都不在。

老實講，也不是每一家藥局的藥師，都有足夠專業能力可以站在櫃台後面，來解答顧客的問題。有些出來開藥局的，可能連醫院都沒待過，想當然爾，藥學及臨床訓練不足的機率就高，因為學校教的只是基礎，有很多經驗都是我們畢業進入職場之後，再不斷進修、不斷唸書，才跟得上現代醫藥學的發展。

還聽過有一些藥局藥師，之前只做過藥廠業務，把執照先租給診所使用，幾年過後，就符合健保規定：「有兩年執業資格」。沒錯，這樣就可以合法開藥局了。

問題是這樣的背景出身，讓很多號稱合格的藥局藥師，連藥名都忘光光，處方也看不太懂，但因為藥廠業務的訓練，讓他們變得很會賣東西，所以生意真的很好，錢也賺得飽飽的。

但是這樣的服務，卻背離了「藥師」兩個字的意義。

大家希望給這樣的藥師服務嗎？我就不希望。那當你在藥局看到一排穿白袍的人，到底要如何分辨哪位才是藥師呢？

其實很簡單就可以認出來，所有藥師的胸口一定會配戴一張「執業執照」，上面一定會寫著「藥師某某某」那就是真的藥師了，其他的則是助理。

當然，我不是說助理不好，真的有很多助理對保健品專業知識，其實凌駕於不唸書的藥師，但若是問藥品相關問題，當然找藥師還是比較好的選擇。

但話說回來，那些人滿為患的有機食品店，有些店員也是穿白袍服務的，可千萬不要誤會那是藥師。

事實上那些有機食品店的生意比很多藥局的生意還好，前一陣有一個很紅的生機療法，據說只要用瀉鹽加有機蘋果醋來做體內環保，就可以讓人身體健康云云……，附近鄰居就有一堆人瘋狂跑去搶購，其中有人拿瀉鹽來問我說：「看起來怪怪的。」

我看了才發現，上面貼的可是「工業用」，我告訴鄰居：「這不是給人吃的，不要用比較好。」他卻又用懷疑的眼光看著我說：「可是有機店說要這樣用啊！」

這又再一次驗證，即使是經過國家考的合格藥師講出來的話，即使證據就明顯擺在眼前，可信度還是比「鄰居說、有人說」低很多，這點，常常讓我們有心奉獻的藥師很無奈啊！

18

真話

藥師的藥局求生之路

　　常說「有病看醫師，用藥問藥師」，就是在叫民眾要多「問」藥師。

　　在醫院領藥，領到藥要問藥師哪邊該注意；在診所領藥，領到藥要問藥師哪邊該注意；在連鎖藥局或是個人藥局，更可以問藥師生活上各種疑難雜症。雖然我們不一定全部知道答案，但實際上若想去問醫師，得先繳掛號費，而藥局藥師可是「免錢的醫療人員」，大家互相交流也很好，記得多多利用。

　　但，若真的只是「問藥師」，藥師一定會全部餓死。

　　我們來看看藥師該怎麼求生吧！

 個人或連鎖健保藥局的生存

　　現在開藥局想賺大錢很難。

　　已經不是西元 1980 年代那種王祿仙說了算的環境，現在是有

健保的 2018 年，相差快四十年了，民眾的用藥選擇多很多，價格很多還是健保署說了算，保證廉價。所以，不是連鎖，不是大品牌，沒有網紅推銷，消費者根本不容易買單。

現在開藥局，真的只求穩定成長，有穩定收入，有口飯吃，有妹可以泡，生活還過得去，其實就該萬幸。

實際上，開藥局還是有人賺大錢，套一句業界的名言：「只要手段夠狠，心臟夠大顆，富貴險中求，膽量決定你的財富多寡。」

做生意老老實實，童叟無欺？！

那直接去吃屎還差不多。

不過，就一般常規的方式，藥局到底該何去何從？

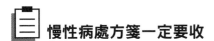 **慢性病處方箋一定要收**

健保時代，若一家新成立的藥局不是「健保藥局」，很容易被打入「老藥局」的行列，至少健保藥局有個好處──會有人走進來領藥。「有人進來」就有希望，是吧！

除非是經營多年，已經有穩定基礎客群的藥局可以不玩健保，例如我家的藥局已經經營快四十年，連我老爸算起來兩代，接下來第三代也快接手，目前沒有健保也是能生存的，但一般新

成立沒健保的藥局則會因為沒有「專業性」這既定印象，幾乎肯定會倒。

但現實是……**有收健保處方又不一定保證能生存。**

因為要成為健保藥局，首先必須要先讓硬體設備符合健保署規範，也就是要先有第一筆「支出」才行。

實際算看看第一筆支出（概估）就知道，想成立一家健保藥局也不好搞：

- 備藥：20 萬元。這真的只能備很少很少的藥，其他不足就和中盤叫藥，藥品都是**下貨收現**。

- 藥袋：藥袋要自己找廠商印製，均價一個約 0.5 元，一次要做好幾千個才行。就估做一萬個，一批要 5,000 元。

- 列表機或是印表機：上網買改好的，一台簡陋的約要 4,000 元，好一點的 1 萬跑不掉，就估中間值 7,000 元。墨水或色帶……？算了，一開始都有附一瓶，這個就先不要買吧！

- 藥包機：簡易型的 3 萬元。

- 整套電腦：主機自己組吧，加上二手螢幕和條碼掃描機，粗估 2 萬元應該就夠用了。

- 每月健保 VPN 專線連線費（就是去看醫師過卡時，要另外拉的一條不能上網的 ADSL，話說，健保署還真是浪費網路資源，一條不能上網的 ADSL，就只是為了要過健保卡……）：

一個月粗估 1,000 元。一年 12,000 元。

- 健保專用讀卡機 3,800 元。（雖是為了配合健保業務，但這筆錢和 VPN 專線費用一樣，所有耗材成本要藥局自己出，健保署不管。）新版用一般讀卡機兩個，便宜多了，約 400 元。

- 健保軟體有太多廠商在賣了，就估 2 萬元吧，每年還要約 1,000 元左右的維護費喔！

- 銷售軟體：太多廠商了，很多每年還要維護費用。暫且粗估 5 萬元。

- 申報金流：因為是二月份才能申報一月份的處方費用，所以要先壓一整個月的處方費用在健保署那邊，然後二月底或是三月初會拿到一月份大部分的費用，其他……年底有錢會補，沒錢……只能問天了。所以，至少要有兩個月的處方資金被壓住不能動，最好連第三個月的也多保留一些。因為金流很重要，藥局撐不撐得下去就看手邊現金流，所以這部分粗估要 30 萬元。現金被壓在健保署輪轉（還沒有利息喔），除非藥局收了，這些錢才最終回得來。

- 所有設備都吃電，所以這一些都會多吃原來非健保藥局時期的電費支出，全部要以「營業用電」計算。

所以，想玩健保藥局，綜合以上支出，一開始就至少要準備

約 64 萬元，就只為了和健保署申請可以執行健保業務，且讓接下來三個月不會馬上倒店。挖哩勒，藥局裝潢、水電、房租、人事支出、貨品押金……等等都還沒開始算進去哩！

 做了健保不一定會賺錢

現在藥局都會是健保藥局，但健保的業務太簡單就賠錢了，單純因為──支出太多。用「需要幾張處方箋」來計算，就知道健保藥局每個月至少要接單多少才不會蝕本。

1. 每個月的健保 VPN 專線約 1,000 元，需要二十張處方箋調計費的收入（慢性病連續處方調劑費一張明定 69 點，但每點可能只值 0.8 元不到，再扣掉應付的稅，還有每份處方消耗的藥袋成本，每張處方調計費收入可粗估是 50 元，實際上不到這數字）。

2. 每個月要郵寄申報資料，掛號成本差不多也值一張處方。

3. 國稅局核定課稅，一個月預估 1,400 元，值二十八張處方。

好啦，每個月至少要四十九張處方來平衡健保的軟硬體支出。是「平盤」喔，都還沒開始賺，電費耗材都還沒算哪，月初一開門就先欠健保署四十九張處方箋了。

對了，這還是以慢性病處方箋的調劑費來計算，若是用看感

冒或牙科那種一般處方箋，調劑費就又少了很多。

　　萬一個人藥局和附近診所合作，偶爾會被要求「一點意思意思」回去診所，行情價在一張處方箋 10 ～ 20 元，所以基本面會增加到約八十張處方才會平盤。

　　但也還好，若是和診所有固定「合作」，就不用擔心處方箋的來源，然而若是個人藥局……，你去街上問看看，若是沒有和醫院或診所合作，光收鄰居們的處方，一開始一個月就能超過一百張處方量的藥局有多少？新的藥局光想靠健保收入撐下去，倒掉都只是剛剛好。

 ## 收健保處方箋能賺多少？

　　一張慢性病處方箋調劑費實賺 50 元左右，一百張約賺 5,000元，三百張賺 15,000 元。考量到處方箋調劑的複雜性，一個人一個月三百張就算忙了。光調劑費收入 15,000 元……，但我們一開始光準備健保相關軟硬體就支出了 64 萬元，這樣要 640,000 ÷ 15,000 ＝ 42.67 個月才會回本。

　　對了，忘了扣掉每月成本是四十九張處方箋，月收入 15,000元剩下 12,550 元，嗯……640,000 ÷ 12,550 ＝ 50.99 個月，超過四年才會回本……。

所以，藥局想靠健保處方箋這一味過活，除非量大，把每月收入的總調劑費拉高，再加上微薄的藥價差，才有搞頭。

還有還有，一旦執行健保業務，藥師是不能出國的喔！因為出國那幾天沒有辦法執行調劑業務，也就是說不能申報，那就沒有收入。

想賺錢，就別想出國，除非請第二個藥師來卡班，但人家月薪 5 萬元起跳，那就是要再有一千張處方箋的成本支出。

什麼，沒有那麼多處方？那就別請藥師，不要出國，更別想出遠門玩，身為單點藥局藥師的你，沒那個命！

這，就是外頭健保藥局「負責藥師」的辛苦和悲哀了。

藥價差總能補貼一點回來吧？

拜託，別做夢啦！

藥價差幾乎都被中盤賺走了，到藥局端只剩蠅頭小利。還是回到一句話：「處方量不大，就等於沒有。」

尤其是每年都在砍藥價，還可能一年砍兩次，很多藥品和中盤拿時，可都是平健保價，還要「下貨收現」，所以，調劑健保的處方箋，根本別想有多少利潤，真搶到藥價差的，是有大量進藥的，例如醫院，例如診所，例如藥商，例如月收上千張的大藥局，絕對不是那種月收低於三百張的小藥局。

所以，想靠健保處方箋來賺錢，不二法門就是要讓處方量提

升。

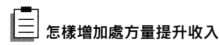 怎樣增加處方量提升收入

最簡單的方式，和診所或醫院合作。

想和醫院合作必須要有「門路」，「一般人」不會有的啦，所以這招跳過，去找診所合作比較簡單，因為路上到處都是診所。

診所的病人是個很穩定的處方來源，正所謂「找到富爸爸，就有富兒子」，雖然可能富不過二代，但絕對不愁沒有處方過來。只是，通常診所會要求「一點意思意思」，因為事前已經有很多腦袋瓜裝大便的藥師，願意吐一點收入出去巴結診所，好換取「合作的好處」，所以「給診所回饋」也算是業界的潛規則了。

沒有付出，怎麼有收穫呢？是吧！

所以，若是週邊藥局真有這種情形，把行情打聽一下，再加 5 元上去，給他拼了，反正我們就是要處方量，無奸不是商；現實是殘酷的，不是你死就是我活，那只好請你去死囉！。

千萬別把自己真當個「藥師」，這兩個字在「生存」面前沒有任何實質意義（再回想一下新聞中，醫院強調 4 分鐘給藥，

就能體會這心情），對自己荷包有成長的，才是真正有意義的呀！

 出奇招增加處方箋收入

只要有去逛大賣場就看得到：「五重贊助大回饋」這類字眼。同樣的字眼有時也會出現在某些藥局，拿處方箋過去，送油、送米、送肥皂、送衛生紙，就是有藥局什麼都敢送，看他們這樣送，我還以為去領個藥是抽到什麼大獎哩！

這招有沒有效？親眼看到的情形證明是很有效，真的有排得長長人龍準備領慢性病處方箋。

只是若把贈品成本算進去，我很懷疑這樣到底有沒有賺？但不論如何，聚集到人氣就達到目的了，即使調劑費都賠出去，量大還是有藥價差出現哩！

所以，也是有很多藥局用「送贈品」的方式來招攬處方箋的業務，但是有違法疑慮。

成本計算很簡單，只要每次送的贈品成本低於 50 元，那就不會賠，藥局成立初期來這一招，雖然沒賺錢，但得到街坊鄰居們的關注，也值得了。終極絕招是一張處方直接給一枚 50 元硬幣，保證紅。真有人這樣搞？噓，說出來嚇死大家，賺到把店

面買下來，人家可聰明囉！

但這一招不要常玩，小藥局本不厚，不像連鎖藥局有無盡的資源可以揮霍，偶爾週年慶玩一下就好，不然做白工是很討厭的。

處方箋不是主要收入來源，OTC 才是。

處方那塊的收入，若量沒有大到一個月上千張，拜託，就請把健保那塊業務當成是在布施做功德，能賺點水電費回來就好，健保藥局心態一定要這樣，不然會累死又沒賺到錢。

你去藥粧店看，藥品的占比到底有多少？一小角而已。因為，藥局的收入來源絕對是不是藥品，是 OTC。

OTC 就是 Over-the-counter 的縮寫，在櫃台就能買到的藥品，廣泛指所有擺櫃台外面的產品。舉凡常見的普拿騰、濕濕、激勵這類都算是，又可以延伸到所有保健品的意思。

可惜，普羅大眾聽說過的產品，或是電視上看到過的就是「大色貨」，對藥局經營來說都是沒賺頭的爛東西，不過能當「帶路貨」，能吸引人走進來，也是它們的好處。

傳統經營策略上，這類大色貨價格就是要「砍到底」。通常電視上看到的廣告品是沒有賺錢的。所以，民眾若是去藥妝店

買廣告藥品就肯定虧大了，一般藥局價格一定更便宜。

因為在現代消費習慣，「拼價」才是吸引消費者的簡單方式，舉凡平價服飾、網拍、團購，就是這類意思，便宜才是王道。所以，藥局經營者常用拼價來吸引消費者，這是最簡單的方式，若是再標榜「買貴退三倍差價」，肯定馬上紅。

而健保藥局，就必須利用進來領處方藥的民眾當作「來客數」，盡量增加消費的機會，這樣才能賺錢。

換句話說，藥局不能真的只是「藥局」，「有消費」才是藥局存活的關鍵，一塊錢都是錢，和所有商業行為意思都相通，就有認識一個小學妹，她家裡的藥局連掃把、象棋、書包都有在賣，這，就是一個很好的例子，貨暢其流，財源廣進哪！

又如現在越來越多連鎖形式的「藥妝店」，和「藥」沾上邊的就只是那些「大色貨」而已，整間店賣的多是保健食品和美粧品，人家可從不靠「健保」過活呀！

所以，若有那麼純真的藥師想開一家健保藥局，只想靠健保處方過活？就靠自己藥學專業過活？就靠自己當藥師的一顆熱忱的心撐下去？真心想服務鄰里？

我只能老實說：「沒有富爸爸，還是只能去吃屎！」

但假如努力賣 OTC 呢？嘿嘿，那就是吃香喝辣，美眉、跑車都等著你囉！

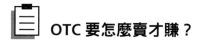

OTC 要怎麼賣才賺？

很多廣告藥大家都有，價格也都差不多殺到見血了，沒什麼好賺。想當然爾，一定要找鄰居沒聽過的最好，若不拼價格，至少還有利潤可言。

可惜，「藥品」的利潤再高，還是有限，除了賣處方藥品違法，健保署還一段時間就給你降價一次，藥局賠錢都賠得莫名其妙哩！

所以，藥局利潤一定要從「保健食品」下手。

保健食品，既然歸類是「食品」，也就不涉及療效，最重要的一件事情就是「先求不傷身」，是吧，廣告都有教哩，簡單一句話：「吃不死人就好啦！」

到各個生意興隆的藥局看看，保健食品一定占絕大多數，更厲害的還可以直接推翻醫師說的道理，就為了賣自己藥局裡有的東西。

但這招我不敢玩。醫師們可是針對病人的情形給的專業建議，藥師是輔助醫師的角色才對，怎麼會直接推翻醫師們的判斷，即使有疑問，也該事先和醫師討論過才是呀！

好吧，你說真的有診所也是拼命賣保健品……？!

這……事情總有例外，大部分醫師們還是認真很專業地在看診呀！

不過，對藥局來說，「直接推翻」是一個很有力的手法，尤其輔上網路行銷的方式。

就有藥師寫了部落格，然後直接和網友說醫師處方的那種藥品等級檸檬酸鈣沒效，鈣都不能吸收，是爛貨，必須是那藥師自己找廠商包裝的，含有中藥的鈣片才是好味道好吸收的、才是全世界最好的……。

很多事實真的太扯了，不過消費者真的好好騙，一堆人還在網路上按讚按得很用力。

有很多網友以為網路 google 到的資料就算真的，可是，非業界非專業的人，又哪分得出來哪個資料是真，哪份資料又只是廣告喇叭文？網紅拍個影片，就會有更多人喊燒，是現在網路資訊爆炸的常態，事實上，在素人面前，專業都只是個屁，因為「網路隨便找找就有」呀！

然而「專業」，真的不是網路隨便 google 就算數，不然，我們都看電視就好，不用唸那麼多書，考那麼多試，每年還要花自己時間去上學分課吸收新知了。

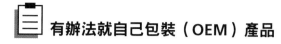# 有辦法就自己包裝（OEM）產品

所有東西都一樣，只要經過一手，利潤就被抽掉一點。所以，若是賣的量大，其實就可以自己找廠商來包裝，控管成本和利潤。理所當然，品質想怎麼變都可以，這也是最好玩的地方。

常見的東西，例如維他命 C、鈣片、鈣粉，這些可有可無，低單價好出手的東西，就是可以自己包裝的最好對象。正所謂送禮自用兩相宜，反正成本一定低，拿來送客人都不心痛。

若是藥局有在賣奶粉的，就一定要自己 OEM 鈣粉或是兒童維他命粉*，這樣才會賺錢。

因為奶粉尿布毫無利潤可言，別想從中賺錢，但我們可以順口說「加點鈣粉和維他命，小朋友長得比較快又高」，或是「這家奶粉的鈣質太少，加點鈣粉比較好」這類瞎扯淡的話，然後來個「鈣粉買二送一，兒童綜合維他命粉買三送一」這類方式，大部分家長都會買單。

不要笑喔，上面那幾個字可是魔咒，隨便就能迷倒新手爸媽，輕輕鬆鬆就可以幫我們帶進大把鈔票哩！

---

* OME：Original Equipment Manufacturing，接受客戶完全指定，按原圖設計代工製造。簡單說，就是自己包裝產品。

至於找誰來 OEM？

講究一點的，可以請藥廠代工包裝，或是專門的食品包裝廠包裝。當然，品質等級一定肯定比較好，相對成本比較高是它的缺點，好處是成分不容易偷，至少品質控管都有較高保障。

賊一點的，成分不要按照產品外觀標示添加（反正很難抓的到），能偷一點是一點，省下來都是賺的錢呀！然後包裝廠可以找類似家庭代工的，設在田中間的鐵皮屋也沒關係，反正只要經濟部工廠登記有案就好，管他規模大小，我們要的就是「節省成本」，我們是要賺錢，可不是做功德呀！

就曾經有研究所的同學收集市面上一些維他命 C 產品去驗含量，好幾瓶根本就是 0 含量呀，整顆都是糖粉和調味料而已。反正做得出來，賣得掉，那就賺錢啦！

請記得，良心不值錢，誰管東西品質如何，反正消費者要不要買，也是靠銷售員的三寸不爛之舌，灌點迷湯就推出去了。

自己包裝生產還有一個很大好處：別的地方找不到。

孤門獨市的東西，價格自己喊吧，想賺多點就喊高，想賺少一點就拉低，比股票操作還簡單。

賣法就像上面說的，利用搭贈的方式，「買二送一」或是混搭「買兩瓶兒童維他命粉送一瓶鈣粉」，這樣，東西一下子就出去，馬上換白花花的鈔票進來。

又若是和幾個同學一起 OEM，對於廠商來說，有量，價格都是好商量的，只要量大，通常成本還可以再壓低。

怕自己賣太慢，會堆到商品變成庫存，可以想辦法找幾家認識的診所，把東西給醫師賣。做生意囉，在商言商，利潤給醫師多一點都不用擔心。因為有醫師的金口間接背書，客人自己會出來找，醫師賣的第一瓶我們沒賺到沒關係，我們可以賺第二瓶、第三瓶⋯⋯賺到天荒地老。

這樣好處是我們根本不用說話，醫師早就說好了，病人也一定照單全收。

瞧，所有連鎖藥局，所有連鎖藥妝店，都一定會有「自有品牌」的保健品或是美粧品，其實，就是秉持 OEM 的精神，把「成本最小化，利潤最大化」的極致表現。

OEM 這招，真的好用哪！

📋 廣告傳銷很重要

藥局其實就是「通路」，經營藥局就是經營「商店」，要有「買賣」才有收入，所以廣告行銷很重要。

大家都知道的老方式，如傳單、派報、週年慶就不提了，現在的主流是——網路。上網隨便找，也一堆「網路藥局」的頁

面，就知道網路有多重要。

在這網路時代，是不是實體店面其實無所謂，那一堆網路藥局，一堆亂市場行情的網購，衛生局既沒在抓也抓不到的，放心啦！

網路是最新興的傳銷方式，所以若是有時間，一定要搞個部落格或是臉書，「自我推銷」絕對是一個好的方式。有錢的話，請電腦公司設個網站也不錯。

再有時間，可以創立很多假帳號臉書、假部落格，然後自問自答或是互相按讚，再用各種帳號到各大論壇留言，互相轉載，造成一篇文章很多人瀏覽的假象，接著再多重連結，讓網友一搜尋，怎麼找都會是你的部落格或臉書的資料。

結果就是：「挖塞，這藥師很厲害，到處都是他寫的文章，那他說的應該就沒錯了。」然後網友就會瘋狂按讚，接著又幫忙轉出去。結果，就「有如滔滔江水，連綿不絕，更有如黃河氾濫，一發不可收拾」，馬上塑造出網路名聲。

切記，所有行為都是為了賺錢在鋪梗，千萬別像個網路玩上癮的傻帽，盡情回答網友問題。我們的專業智慧不是免費的，是拿來賺錢的，若在網路一直回應網友問題，那你到底還要不要賺錢呀？！

所以，文章最後面一定要超連結到自己的藥局，或是留個「若

有興趣或進一步的問題，歡迎留言或是 MAIL 到我的信箱」，然後就可以搞網購或團購。

賺死。

有沒有人這樣搞了？

有，還專門找不知名廠商 OEM 包裝出自己的產品，然後網路上賣給網友。

看到關鍵了嗎？這招也沒有玩健保喔！

就說健保賺不了錢，要「賣東西」才能賺錢呀！

而且賣的東西一定要「外面絕對找不到」，價格才不會削下去，但品質⋯⋯？噓，我們可以學人家在標籤上大辣辣地寫著「XX 藥師監製」*，至於是不是真的自己下去做，或是找設在農田中央的代工廠⋯⋯，這⋯⋯咱們心照不宣啦！

別擋人財路，大家有賺到錢最重要。

 不管有沒有「藥師執照」都可以開藥局。

開藥局除了「金錢」這門檻外，其他要求條件不高。

---

* 藥品監製：在藥學上，監製的意思是：本人有盯著看，或是實際去做出來那個藥，這樣才是「藥品的監製」。我就不相信真有藥師盯著網購上那瓶鈣片的整個製作流程。這時代還敢大言不慚地說「監製」⋯⋯真必須有那一點「話唬爛賺大錢」的決心和毅力呀！

康 XX 的老闆是藥師嗎？不是。

屈 XX 的老闆是醫師嗎？也不是。

得了，「請」個藥師，弄張執照掛著也就行啦！

有個藥師當人頭，還可以執行健保業務，處方箋也就能收了，簡單吧！

其實，藥局老闆假如不是藥師，說不定還比較好。

藥師，要遵守藥師法和藥事法的很多規定，開始工作後，每年還有規定的持續教育學分要去修，藥師的學分不夠還不能繼續執業哩！

但出資的「老闆」……，不用。仔細看「藥局執照」上面的名字，「經營者」是誰的名字，有問題都是我請的藥師的錯，要罰都罰他，要關就關他。

總之，當老闆的都沒事兒。

誰說開藥局一定要藥師？

誰說藥局裡一定會有藥師？

誰說在藥局裡上班的一定是藥師？

有錢，就能開藥局。

善用藥師專業，吃藥更安全

　　看到這麼多藥局花招，一定會有很多人在心裡大喊難道就沒有好的藥局了嗎？當然有，只是看你會不會去利用。

　　記得到藥局有個前提「到藥局是買藥、買健康，不是買菜」，如果是買菜，當然可以挑斤減兩、東扣西扣，多拿一根蔥是一根蔥。買藥如果抱持「你貴人家 1 元，你就是不可取」的心態，把藥師們的知識和經驗視如敝屣，那依我老爸教的──你不是我的客人。

　　然而遇到這種價格情況，現實上我也只能對上門的恩客賠不是，只要沒有賠錢，東西就給它出去換現金了。當然，對這類族群，我是不會再提供更多的專業給他，反正既然只是來買藥，銀貨兩訖也就是了。所以，若只單純去藥局「買東西」是很可惜的，因為多數藥師的腦袋瓜裡，還有很多東西可以挖。

　　那到藥局買藥時，你該怎麼做呢？

1. 先把問題丟給藥師

　　一進門，不要直接說要買什麼，先問看看藥師的意見，請他推薦。請藥師分析保健品或藥品的個別差異，當然你的心裡一定有屬意的產品或藥品，等藥師說明完後，再把自己的意見提出來，請他分析一下差別，或是請他說明為什麼會推薦那個廠牌。

2. 請藥師再推薦第二選擇

通常藥局的第一選擇是利潤最好的，但有可能廠商你沒聽過，或看了不一定會滿意，那就來看看第二選擇，或是第三選擇，然後考慮挑選哪一個。

不過忌諱請藥師把所有選擇都提出來，我們也沒有那麼多時間只服務一個人，而且如果全部都是專業的藥品，消費者也無從選起。所以就固定以推薦的前三名來挑，也就很夠用了。

3. 注意產地和廠商

不論是藥品或是保健品，請先看一下廠商，所謂西瓜偎大邊，越大的廠商越有保障。就像塑化劑風暴的教訓，選大廠商做的，還是比較放心一點，至少出錯的比例相對低，真要索賠，賠得也比較多一點。

4. 若真的不會挑，就相信藥師

平時和附近藥局的藥師多打交道，經過一段時間的對話，其實也多少可以瞭解這個藥師的「等級」，水準夠的就相信他，請他幫你選擇就好，不用挑。例如：我胃痛，吃普Ｘ疼好不好？電視說它就是止痛藥。這時我當然會阻止你，因為它不是針對胃痛的藥，改用其他針對胃部的藥品會更好。

通常會自我要求的藥師，也怕砸了自己的招牌，生意總希望細水長流，一定不敢亂推薦。但若是在賣場型的地方，因為藥師多是受聘「員工」，這定律不太適用，只能多聊幾次，取得互相信任再說了。

5. 不迷信廣告內容

「有廣告，一定有原因」是我一直遵守的原則。

要記得，廣告只是行銷手法，和產品品質永遠沒有直接關係。尤其用在藥品廣告上，廣告永遠只是廣告。換個角度，會有醫師叫你去買電視廣告的藥品就能搞定病情嗎？不會的。

再說一次：廣告，永遠只是廣告，促銷手法而已。

2011 年天下雜誌曾經報導：

• 台灣人平均一年看 12 次病，是美國的三倍。

• 門診有八成會拿藥，一張藥單平均會有 3.2 種藥，也高過歐美國家的 1～2 種。

• 民眾所拿的藥，有 1/4 沒有服用。這種浪費，估計每年約 300 億台幣，可以供應全台小學生三年的營養午餐。（民眾的服藥順從性一直不好，以前在醫院就有病人剛領完藥，轉身就把藥丟掉。）

2017 年健保署自己的新聞稿：

• 4.4 萬人看病超過 90 次。

• 第一名看診 503 次，第二名 446 次。

所有數字都指出──醫療資源浪費。

PART 4

藥價黑洞
不告訴你的真心話

年年砍的「合理」藥價

　　新聞一直說「健保藥價黑洞」，你們藥局一定是賺翻了，幹麼還要想盡辦法賣一堆保健品來坑消費者呢？會這樣想的，一定不是醫師也不是藥師，因為這是只有我們業內懂的東西。

　　讓我簡單說明一下：每個東西一定都有成本和利潤，兩者加起來就是「售價」。

　　現在，我們台灣有號稱全世界最好的「健保」，也就是什麼都保、什麼都管、什麼都給付——更正，是用健保署自己認為的價格給付。對於藥品，不管成本或是利潤多少，總之這顆藥價格就是健保署說了算，而這就是藥品「健保價」的來源。

　　然後，每年調降一點，說好聽是要節省經費，反應合理藥價。事實上，這只能反應健保自己認為的「合理藥價」。拜託一下，物價可是年年調漲，即使是健保費也漲，就只有「健保藥價」年年砍。

　　大家一定不知道，因為這樣齊頭式平等的控制藥品公定價，

很多好用的藥品，尤其是外國藥廠的藥品，因為台灣市場無利可圖，乾脆直接退出台灣市場。

不信，你去問誰家還有「康Ｘ斯」這顆治鼻塞、鼻過敏的妙藥？現在哪家醫院還有用這顆藥？這種一顆沒幾元的藥消失很久了，需要的朋友請搭飛機去新加坡買。再不信，Adalat OROS 30MG 這顆藥，直接公告從 2018 年 7 月 30 日起，停止供應一年以上，要到 2019 年 10 月以後才可能恢復供應。拜託，這是什麼世界，而這類原廠藥品供應問題可是每個月都出現哩！

對於這種現象，其實我一直認為這有「戕害民眾用藥權益」的疑慮，簡單來說，你藥品價格只給付一丁點錢，人家外國藥廠才不是佛心來的，一旦退出台灣市場，我們連想自費都買不到。

你說，因為藥價占健保太大部分，所以要一直砍藥價。問題是藥價這東西很死，有些藥一顆才幾毛，再砍也省不了多少錢。更何況，藥價再高，處方上沒出現也不會用到呀！

所以藥價根本不是真正的健保黑洞，健保其實真正的問題是：「無條件給付就診次數」。也就是只要付得起掛號費，我每天去逛十次不同的醫院或診所也是爽就好。

患者一次就診，健保要付多少看診費和診察費？還要付多少藥費？有些人用得多，有些人用得少，但大家卻都一樣只要繳

少少的健保費。根據健保署 2016 年的統計，全年有 4.4 萬人看診超過九十次，換句話說，四天看一次病，其中第一名才 31 歲，一年看診五百零三次。先不討論看診需要性，隨便問任何一位保險業者，他都會告訴你，在繳交固定保險費用下，無限制給付次數的情形下，這樣玩是穩賠的生意。

健保要辦得好、要長治久安，絕對不能「無條件給付次數」，一定要「有條件限制就診次數」，對那些照三餐看診的，保費就繳多一點，這樣才合理，才能兼顧保險的精神：「使用者付費」。而不單單是賺得多、繳得多，要不然那浪費的水龍頭，是怎麼都關不起來的啦！

話又說回來，我真的有錢，還要看健保嗎？還跟你們用那種台廠藥？真正有錢，我就統統自費，指定時間，叫某某教授過來給我看，就像台大景福門診一樣，所有用藥一律原廠。繳那一點保費？笑死人，有錢人才不在乎那幾千元啦！

真話

錢被誰 A 走了？

　　那到底這藥價黑洞到哪邊去了？藥品一定和藥師有關？才怪，「誰有權利選擇使用的藥品，利潤就到誰那邊去」。給誰？當然是給最有權利分配用哪顆藥的人呀！我這小小藥師，明眼人一看就知道，就只是個不能決定處方用哪一顆藥的爛貨！

　　通常診所會自己開藥局，圖的就是這一塊微薄的利潤，又或者是所謂的「處方箋釋出」，也通常會和附近藥局談好「條件」要求「回饋」，這家藥局有骨氣不想給？反正一堆藥局搶著要接受處方箋然後吐錢回來給診所。

　　「醫藥分業」還真只是政客們說爽的，你去數看看診所旁邊的藥局，有多少都是醫師開的，一毛錢都別想給我流出去。

　　若情況換到醫院，那醫院電腦系統裡說開什麼藥就是什麼藥，也不是醫師和藥局來決定，都是採購部門說了算的，醫師好好看診，藥局好好配藥就是了。

　　所以，你說藥價黑洞被藥師賺走？老實講，我們藥師只吃了

那麼一丁點人家啃完肉後，可憐我們才施捨出來的半口湯，裡面連肉末都看不到的呀！

「出國、吃飯找藥廠買單就好了」這種事情業界大家都知道，連我這種小藥師都或多或少知道一些故事，幾十年來都是如此，這哪裡算爆料，頂多只是陳述既有事實而已。這家藥商不給甜頭，其他家也會搶著給，大家只希望手上的藥品用量增加而已。對了，醫師才有這權利，你小小藥師旁邊半蹲去，別想跟攤。

不如順便來爆一個真實的故事：我鄰居年輕時是藥廠業務，他曾經一大早 4 點從台中住家出發，先到桃園國際機場接 6 點的飛機，送「先生」去林口高爾夫球場，然後到中壢送「先生娘」和小孩回台南老家，再衝回林口接小三去和打完球的「先生」會合，然後一起到台北六、七、八、九條通吃飯、喝酒兼付帳，然後先送小三回家，轉頭外送個妹到飯店陪「先生」過夜，順便付錢給 GTO，全部結束後已經半夜，才能回台中的家。

這種故事不夠猛？再來一個。開刀送紅包不稀奇，指定送放山雞聽過沒？

曾經有某現任「長官」的老師，就是那種超級權威的教授，以前在醫院主刀時，會要求病患固定金額「紅包」，雖然送紅包是那時的社會風氣，但某次居然還在紅包外，要求附加「兩隻真正的放山雞，還要幾斤以上的才行」。

只見可憐的病患家屬，當天從台北衝回苗栗山裡老家，跟鄰居賒了兩隻真正的放山大雞，殺好，附上大紅包，然後趁新鮮直送台北教授老師陽明山上的家門口，還要不斷低頭說謝謝！

　　放山雞版的不過癮？好，再來個把妹版的！

　　我們班上系花以前剛畢業時去當藥廠業務，早上 6 點就要送早餐到某名醫醫院診間，晚上 11 點時，還被那某名醫約出來說要「談公事」。都幾點了到底要談什麼？我們這些同學知道了，大家就排班隔 10 分鐘打不同手機去關切安全，聽說一直「聊」到半夜 1 點，才從國父紀念館外的咖啡廳離開，而聊天內容完全和公事無關，只聊到這位名醫年收入多少，名錶幾隻，跑車幾台，房子幾棟，多少妹迷上他但他都沒有興趣⋯⋯。

　　想聽這類檯面下的故事，講起來真有一籮筐啊！

　　現在什麼東西都漲，奶粉漲、米漲、尿布漲、油價漲、連衛生紙都可以一年可以漲兩次以上，就只有藥品每年砍價，甚至砍兩次，不合理吧！

　　油貴，送貨司機人力貴，但成本一直被健保署「勒令」降低，但實際成本可是一直漲，這樣砍價，造成以次等貨充當高等貨，損失了我們選擇藥品的權利，這樣真的對民眾比較好？

　　所以，你說健保藥價差到底被誰 A 走？反正，不是我這種小咖就是了。

真話

被浪費的醫療資源
該怎麼找回來？

其實最有效能實行的，就是大家都知道，但沒一個人敢做的最低限額給付、限制就診次數、調整保費基準。

 **最低限額給付**

打個比方，一晚陽春麵和一碗牛肉麵，價格是不是不一樣？

是的，肯定不一樣。

哪個料比較多又會讓人家吃得比較爽？

一定是貴一點的牛肉麵啦。

這例子的意思是說：「只付了陽春麵價格的保費，就該只給陽春麵價格的內容藥品或是檢驗內容」，想要更好更貴的藥，或是做更多的檢驗內容，請自付「保險給付外的差額」，或是「加價到牛肉麵的價格（投保金額提高）」。

這樣，想賺錢的醫療院所，可以有名義且合理的正大光明收

自費項目，民眾也可以自我衡量需不需要付額外的檢驗項目。

其實健保該給付的價格，只要學大家去餐廳吃飯一樣，弄個松、竹、梅保費套餐，任君選擇，想吃哪個套餐自己選。付出保費高的，每次看診給付的藥費就多，你就可以多拿些藥，或是選用貴一點的藥，又或是自負額比較少，價格只要雙方說好，一個願打一個願挨，簡單就解套了。

至於醫療院所的自費價格多少，就和去做一顆好幾萬的假牙一樣，讓它回歸市場機制，健保署也不用管那麼多，只要給「最低給付額」就是，就不用一直找名目東扣西扣，搞得醫師們看診也不開心，卻只爽到整天逛醫療院所收集安眠藥出來賣，或是把藥拿回大陸當作禮物去送的人。

又假如，林北什麼都沒有，就是有錢，誰管你自費還要多付多少錢？我就是去看台大景福門診，這種滿漢全餐林北吃得起，全部自費沒關係，統統給我用進口藥，所有檢驗順便統統做，看醫院服務態度不爽，就叫教授們統統來給我罰站 30 分鐘。

這時誰管你健保繳多少，是吧！

健保真的不用統統包啦，又不是一個賺錢的保險制度，更何況到底是「保險制度」還是「社會福利」？現在看起來根本就只是個拼湊的四不像，不是保險也不是福利呀！

記得，只是要大家付陽春麵的價格，就不要為了政策和選票，

硬ㄍㄧㄥ到給牛肉麵的內容，還讓所有病人覺得真的可以「吃到飽」，搞得一個立意良好的政策，卻年年賠一屁股的錢，還叫醫療人員陪著一起下地獄。

2017年健保負債98億元，2018年累計至第2季為止，負債100億元，到了2019年，衛福部健保署預估，財務缺口可能高達500至600億元，如果以此速度惡化，目前安全準備金2000億元根本撐不了幾年。*

慘，這擺明玩假的，好處就你們這些老一輩的吃掉，未來的年輕人完了呀！

欠的錢，不管是現在還，還是以後還，統統都是要還，正所謂債留子孫，難怪台灣出生率全世界第一低，大家才不想小朋友生出來就負債，乾脆自己把錢花掉還比較爽。

繳陽春麵的錢，就請給付陽春麵的品質，這樣才符合經濟學。

不過說了那麼多，我也只是一個小小藥師，人微言輕，家裡藥局又偏偏不碰健保業務，加上我們根本不懂高深的「政策問題」，這些疑問和解答，就留給真正懂事且有能力的人去想吧！

---

*資料來源：關鍵評論網　https://www.thenewslens.com/article/104876

關鍵評論網

 **限制就診次數**

那天，小學弟從網路上轉一個燈謎給我看：「世界上，哪一種『無限卡』申請門檻最低，年費最低，只要適當運用，年費一定賺得回來。不但隨時送你低廉的醫療，照顧你的健康，還可能會送你很多家庭常備藥品？」

就說嘛，我們的健保卡，是不是很像是銀行的「無限卡」？

看診就刷，想刷幾次就幾次，完全沒人管，每次刷完還可以拿一些藥回來，馬上回本。若是拿去賣掉，已經不是「回本」的問題，是可以賺錢啦！一旦服務不週到，不爽了，卡片背面還有 0800 可以隨時申訴，保證有人會聽會處理，夠尊榮，夠高貴的卡了。

一定有人反對這說法，因為健保署其實有在限制這些人的就診次數和相關醫療院所，而且也有委託藥師公會全國聯合會做「高診次暨複雜用藥者藥事照護計畫」，以全年就醫次數超過九十次的民眾為輔導對象，由藥事人員到宅輔導正確用藥，總計減少醫療費用支出約 3,563 萬元……。

健保一年虧的是好幾個億，省個幾千萬，杯水車薪，省那3,000 多萬，大局來看，根本沒用，而且每個人只要多看一次門

診，健保總支出就上去了，才不是那幾個專業病人就能影響總額支出的。

瞧，只要我一直去看精神科拿安眠藥，再拿去 PUB 兜售，或許一顆 100、200 元就這樣喊上去，連藥袋都還在，還可以保證不是水貨喔！

所以，真的有人管就醫次數，但都沒感覺，因為都是上百的，正常人不會看那麼多次呀！

有沒有診所敢拒絕看診次數高的病人繼續掛號看診？

幾乎沒有，誰敢拒絕看診，我就告誰，至少也要放到臉書爆料，再鬧到水果日報去，或是恫嚇醫師：「我知道你住哪裡喔！」敢不看我的病？反正一年有五百多起醫療糾紛，多我一起也只是剛剛好呀！

更何況，誰會和自己荷包過不去，光掛號費，診所就現收 200 元，還不用逐筆報稅哪！

至於藥師可以拒絕高診次病人的處方調劑嗎？

算啦，藥師法第 12 條規定，藥師執行調劑業務，非有正當理由，不得拒絕為調劑，若有藥師拒絕調劑就直接違法了。現實上比較委婉的作法是：「對不起，缺藥，可能要等三個月喔，請考慮一下！」別說我沒教喔！反正 Adalat OROS 30MG 都公告缺藥一年以上，退單也只是剛剛好而已呀！

老實說，應該不會有人和自己荷包過不去，一張處方調劑費有 66「點」*，折合新台幣約 50 元上下，可都是香噴噴的錢。所以，事實上是大家繳一樣多的健保費，但一年看診上百次感冒和失眠的，可大有人在。

雖然是很多年前，但 1999 年曾經有個紀錄：一個精神科病患一年看了四百三十八次，等於一天至少看一次病，這不是浪費醫療資源是什麼？

胡思亂想一下，若是每次都領二十八顆安眠藥，賣出去換到 560 元，560 X 438 = 245,280 元。

簡單刷一下健保無限卡就領了 24 萬多元，而我們健保除了藥費成本，還要給付給醫師醫療費用一次大概 300 元，一年光是讓那民眾領安眠藥，健保就還要多付 300 X 438 = 13.14 萬元出去，這樣大家就知道這「無限卡」多好用，健保被浪費到什麼程度了，也還好，這幾年有稍微管制一下，稍微而已。

這又回到最原始問題：付陽春麵的錢，請不要給牛肉麵甚至加兩盤小菜，不然，肯定賠錢的呀！

也才付一點點錢，請不要為了選票，就拿大家辛苦的血汗錢去無限制給付，統統「均一價 ALL YOU CAN EAT」，回頭還大

＊健保給付是用「點數」計算，平均一點約值新台幣 0.8 元。

聲宣揚我們的健保制度世界最好。……背後的負債，請一併說出來給大家知道吧！

所以，假如設定幾個保費門檻，就如同套餐選擇，繳越多，享受越多，不在套餐內的請自費，這樣簡單的方式，就可以讓看診次數過多的問題解套了。

📋 調整保費基準

現行健保費是看薪資高低，而不是看醫療歷史，是「均一價 ALL YOU CAN EAT」，花一樣的錢想看診多少次都沒關係，這可違反所有保險制度的精神。

試想，你去遠 X 人壽想保健康險，和承辦人員說：「我整天吃喝嫖賭，菸酒不忌，長期熬夜睡眠不足，開心時還出去和人幹架，三不五時逛診所看感冒，長期吃三高的藥品，心臟還裝過支架，體重超標 50 公斤。」你說，這樣保費會是多少？

肯定賠錢的生意，說不定保險公司還拒絕讓你投保哩！

但現行健保制度下，沒人管這一點。

所以，一年看診上百次的，和一年只看診一兩次的，付出的保費都相同。這情形，完全不符合使用者付費的原則。

你叫遠 X 人壽的承辦員來評估看看就知道，一年看診上百次，

要請領上百次保費的對象，保險費會和幾乎不會用到保險申請的人相同嗎？保費明年還是一樣嗎？

一定漲下去啦！

癌症險就是一個類似的例子。萬一家族史是高危險群，自己年齡也是高年齡層，你的保費一定會很高，說不定還用老招——不讓你保。

相同道理，一年就診次數超過一定數量的，明年保費一定要跟著比例調漲，才符合使用者付費的道理！

保費絕對沒有齊頭式的啦，又不是共產黨在發薪水。若是統統都繳一樣的錢，一般保險公司會賠死！

同樣道理，健保費絕對不能像現在一樣，只要繳一次錢，就把健保卡當美國運通無限卡一樣一直刷。

「公平正義，使用者付費」，這絕對是健保永續經營的關鍵。

所以，一年就診超過多少次以上的，應該必須強迫增加明年的保費，只因為你個人利用了比其他人多的健保資源，「使用者付費」是一定的原則。

當然，未使用一定次數的民眾，保費齊頭式平等也是當然的。

好啦，我就是不爽我一年只用兩次健保卡洗牙，有人卻是去逛診所拿安眠藥出來賣，或是拿去 Pub 迷姦那些楚楚可憐又欠學費的小妹妹們，那種事情，我們這些正義人士是不可能允許

的呀！

傳說調整保費會增加一般民眾的健保負擔？不會

請注意，所有改變的對象，都是「就診異常」的人，而不是你我這種一年沒用幾次健保卡的對象，所以，根本不會增加一般民眾的健保負擔。

而且，若健保加上這些限制，那些異常就診的對象也應該會有所收斂，減少健保支出，又增加收入，多好。

健保真的不能倒，不然那些重症患者的醫療費用怎麼辦？

但若健保不倒，國家賠了一屁股錢，以後債留子孫，又怎麼辦？

好難的題目呀！

「醫療資源重分配，增加健保收入」，一定是未來的改革重點了，至於「砍藥費、降給付」，只是自廢任督二脈的下下策呀！

現在的二代健保是「民眾累計逾四個月以上的獎金，以及股利、利息、租金、兼職所得、執行業務收入每筆逾 2,000 元以上，都要課 2% 的補充保費」。簡單說，就是「加稅」，有賺

錢的統統要課稅，只能說這種方式一樣沒搔到癢處，擺明想盡辦法「割肉於民」，對上有交待罷了。

一般民眾很辛苦的才從股利、利息、租金、兼職所得來增加收入，卻還要課稅似的被打折，一年繳一次所得稅這些就已經被打折了，還要一頭羊剝好幾層皮，苦的一樣是普羅大眾。

回頭看看一年就診次數異常的人，保費一樣多，當然不痛不癢，說不定轉賣原廠藥出去，光想著「回本」就爽啦！

還記得旅美的鄰居阿姨說：「你們台灣健保真好，這一盒佳X維我在美國買，一盒要 400 元美金，回來台灣看健保，只要 200 元台幣，我就可以拿三個月耶！」我轉頭查了一下健保價，在 2018 年 4 月，一顆是 26.7 元，5 月砍成一顆 25.7 元，一盒在台灣健保給付 700 元出頭，這已經不是回本那麼簡單的問題，這是搶劫等級，拿到賺到，爽翻天啦，難怪一堆原廠藥退出台灣，寧願在外國賣就好，才有利潤。

健保開源節流總是好，但現實是物價一直漲，民眾所得還被強迫打折，目前所看到的開源辦法，就只是往誠實的民眾身上挖、從辛苦的醫療人員身上摳，當然會引起外界觀感不佳了。

「開源節流」，拜託，真的不要這樣找一般誠實民眾下手，偉大的官員，請看，每年看診上百次的人員名單，健保署每年都有統計，依照使用者付費的精神，從他們身上撈就好啦！

民眾如何在健保制度下求生存？

　　一般民眾可能會以為健保的各種措施，和日常生活沒有關係，即使健保藥價再砍，只要保費不漲就好。

　　錯了，而且是大錯特錯。

　　大家的就醫、用藥權益，其實都和健保各種措施的改變，有著密切關係。

　　簡單一個問題：「這次我的血壓藥，怎麼原廠變成台廠？」

　　雖然是醫院的採購部門決定換藥廠，但是病人我用原廠藥用的好好的，為什麼還換藥廠？

　　繳的健保費沒變，但用的藥怎麼不一樣了？

　　……懂了吧！因為健保。

　　繳的健保費沒變，但為什麼之前這顆藥健保可以開處方，現在叫我要用自費買？

　　……懂了吧！因為健保。

　　繳的健保費沒變，但原來用的藥，週邊醫院統統沒有在用了，

想換醫院也找不到藥？

……懂了吧！因為健保。

Adalat OROS 30MG 從 2018 年 7 月 30 日起停止供應，預計會在 2019 年 10 月之後才恢復供貨！

……不說了，心痛。

醫院換藥廠情非得以？

醫院換藥廠，道理就和診所換藥一樣——無利可圖。

正所謂「賠錢生意沒人做」（好吧，我承認是有一些腦袋瓜不知道裝什麼的藥局，會把大色貨賠本賣，但那也是因為要洗一些客人來買有利潤的淺貨，事出有因，就另當別論了），當藥價一砍，對於進貨的醫院來說相對利潤變少，一旦利潤不好，就換別家有利潤的藥廠進來。

反正醫院大，醫師沒走，病人就還是會跟著心中的醫師留下來，用什麼藥就還是採購部門決定。

先不管健保署砍藥價的出發點（省健保支出？民眾沒感覺，也才不管這些），就民眾的角度來說，藥品是被換掉了沒錯。

只要去週邊醫院查查，最近誰大量的把原廠藥換成台廠藥，一定就是這個出發點啦！

假如沒缺貨，價格也一樣有降下來，那為什麼家裡老爸長期在吃的血壓藥，這次回診要換藥廠？（好吧，我承認，其實之前吃原廠的時候他也控制的不好，但那應該是這些年竹葉青喝太多的關係。）

箇中原因，大家都知道，但也都不說話。

該責怪醫院，不能只是因為賺少了，就把藥換廠商呀！但也不能全怪醫院，畢竟人家不是只做善事的福利機關，開醫院就是要賺錢，在商言商。

歸咎其源頭，還是健保署的措施所導致的。

隨著每兩年調降一次藥價，原來吃的進口藥慢慢換成只能吃台廠藥。

疑，我老爸和我的健保費可是一毛也沒少繳呀！

因為政策問題間接讓民眾拿不到原來的藥，我還要去找朋友的藥局貼差額換原廠的，大家評評理，這怎麼交待的過去呢？

再強調一次，我們一期健保費都沒有少繳喔！

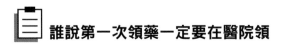

誰說第一次領藥一定要在醫院領

大家一定都有經驗，在醫院看完診，批價那邊都會說「批完價去藥局櫃台領藥」，但轉頭看到那麼多人排隊領藥，我們心

裡一定會嘀咕「又要等」。

告訴大家，根本不用等。

其實若是慢性病連續處方箋，大可以批完價後離開醫院，到家裡附近的健保藥局，就可以領藥了。照健保規定，慢性病患如果看診後由醫師開給慢箋，第一次可選擇看診後直接在醫院或居家附近的健保藥局拿藥。

但礙於一般醫院內部規定（雖然健保精神提倡處方箋釋出*，但沒有醫院想這麼做），看診時還是記得和醫師說：「我第一次領藥想去家裡旁邊健保藥局領」。病人也配合每家醫院的作業方式，大家互相互相。這樣批完價後，應該就可以直接離開醫院，到你喜歡的健保藥局去領藥囉！

這種做法，連台灣最高等級的台大醫院都可以，只要看診時和醫師說一聲，請他開立「交付慢性病連續處方箋」，把處方箋拿到批價櫃台結帳繳費並蓋章後，就可以拿著第一次的連續處方箋到任何一間健保特約藥局領藥。

這樣最省的是什麼？

時間。

人生才一次，不要浪費太多時間在排隊上，你說是吧！

＊「慢性病處方箋釋出率」所代表的意義可參考健保署的說明。https://www1.nhi.gov.tw/AmountInfoWeb/iDesc.aspx?rtype=1&Q5C2_ID=842

健保署說明

23 真話

健保不給付所以自費

　　這句話一定很常在診所聽到。大家一定要有個先決觀念：「自費藥≠比較好的藥」。

　　因為：

1. 幾乎所有的自費藥，健保都是有給付的。

2. 有時候必須自費，只是因為那個藥品的使用，還沒有達到健保的許可標準，但醫師又想用。為了怕被健保署核刪申報，就直接請民眾自費。最常見的藥品如抗生素。

3. 大部分的胃乳片健保的確不給付，因為沒有使用上的實質意義，吃藥本來就不用配胃藥的。配胃藥是阿公阿嬤時代的錯誤觀念傳下來的，臨床上幾乎不這樣用，全世界也只有台灣會有這觀念。

4. 有時候單純想賺錢，所以叫病人自費，然後一顆賣貴貴。

　　所以，若是醫師說要使用自費藥的時候，建議大家勇於說

「不」。因為：

1. 若醫師認為治療有需求，那就請直接處方，因為健保一定有給付。請不要把被健保署核刪的風險轉嫁給病人，然後錢還收的比誰都貴。若被核刪，健保署還是會讓診所申覆的（至於申覆會不會過關，病人才不會關心）。

2. 若只是因為「效果比較好」，那就算了，藥效強的，也要考量副作用的風險，那不如用簡單一點的有效藥品。

3. 即使只是自費胃藥 20 元，也不要買，因為真的沒有實質意義，不要以為 20 元是小錢，積少成多，試想，只要一天有 100 個人付 20 元，總共就是 2,000 元，加起來還是很嚇人的。

一定要打針？

診所的賺錢花招，其中一個最好用的就是「打一針比較快好，這個健保沒有給付，必須自費。」

這招對骨科的長輩最受用，他們觀念還真改不過來。即使總是不斷和他們提醒，黃色的是綜合維他命 B 群，紅色的是維他命 B12，白色的是消炎止痛藥，但長輩可能還是會回說：「打了就是有比較好呀！」

就用藥原則來說，「能擦就不要吃，能吃就不要打針。」打

針的內容藥物若是和吃的一樣，那打針就只是求速效居多，我們不需要為了「速效」而多付幾百元。

所以，下次若醫師說：「要自費打一針。」不用不好意思，和醫師討論一下打針的必需性。我們不挑戰醫師的診斷權威，但在用藥方面，總是可以好好討論一下，至少在治療上，「能吃就不要打」是個共識。

不斷強調的一句：「健保一定有給付（對民眾而言），但不一定會支付（對申報的醫療院所而言）。」這觀念我們民眾也要懂，因為有莫名其妙的核刪機制。

畢竟，健保都有給付，所以若真需要打針，就請直接報健保出去吧！即使是針劑，健保依然有給付的，至於會不會支付，身為病人的我真的不關心，我只在乎我的健保有繳，而這個藥健保也的確有給付呀！

而且，打針算是侵入性的治療，萬一有藥物過敏發生，速度也會比用吃的快很多，若有個萬一，急救速度慢一秒都不行，這種治療風險當然能免就免。

所以，盡量不「自費」打針的另一考量是「安全性」，我們沒必要因為「求速效」去承擔額外的治療風險。

退出健保的藥有多少？

　　藥品退出健保其實有很多原因，其中一個就是「健保給付太低」，廠商沒有賺頭了，就乾脆退出健保，改成自費。

　　退出健保行列的藥太多了，除非真的去撈健保署資料一筆一筆對，不然是無法一次說完。

　　2005 年很知名的例子「善 X 得錠劑」，2011 年退出健保的藥品如「循 X 寧」這個進口的銀杏製劑，這兩個都是非常知名的藥品，但假如現在去看健保門診⋯⋯兩個統統都沒有給付了，人家已經退出健保改成自費藥品。

　　平心而論，善 X 得只是一個沒有特殊性的老藥，替代性很高，很多藥廠都有生產同成分的藥品，當然也有更多更新更好用的藥在使用中。

　　又如電視廣告打很兇的「吉 X 福適錠」，其實就是半顆善 X 得。這個廣告藥物的成分有特別嗎？沒有，很普通，而且健保門診使用的劑量多是從 150mg 起跳，很少人在用一顆廣告的吉 X 福

適錠的量（75mg）在治療。

但這種自費藥有什麼好處？「可以賣貴森森，廠商有賺頭」，這是最大的好處。

幾年前善 X 得行情價約 15 元一顆，而只有一半劑量的吉 X 福適錠，行情價約 20 元一顆。要注意喔，同成分低劑量的反而比較貴，因為你要幫忙繳廣告費哩！

最早以前善 X 得一顆健保價 30.76 元，以前廠商利潤的確不錯，但……那是 1995 年健保剛實施的事情呀，那時又沒有多少藥品可以取代，孤門獨市，當然貴的有道理。

2003 年善 X 得第四次藥價調降到 17.1 元，2005 年第五次調降藥價時，該藥品就退出健保。猜想，應該是無利可圖了。*

而現在，有錢想買也買不到這顆進口藥。

有錢買不到的，又如人稱鼻塞神藥，暱稱曼陀珠的「康 X 斯」，是德國拜耳藥廠的原廠藥，從一開始健保價 9.77 元開始，到 2010 年砍到剩 4.74 元之後，就直接消失在台灣了。現在想要的鄰居們，都直接跑去新加坡、泰國、馬來西亞買了。

你問說「康 X 斯」現在健保價多少？2018 年 5 月以後一顆是 3.02 元，這個數字有意義嗎？你喊一顆 1 萬元也沒有，根本沒進口這顆藥了！

---

* 同成分同劑量但不同藥廠的善 X 得，2018 年健保價已經降到一顆 2 元。

又如健保曾經有給付的「吉 X 福適加強錠」，一顆能申請的健保價最低到 2.3 元，但不加入健保的一半劑量藥品吉 X 福適加強錠，拿來上廣告賣，可以賣到快十倍價格喔！*

瞧，這樣一算，製造廠利潤有多高，當然想盡辦法轉成自費市場來賺錢。當然，這利潤是相對於廠商，對藥局來說，都是**有廣告的大色貨**，拿來拼價吸客人用的，地位和普 X 疼一樣，其實沒有利潤可言。

題外話，沒有任何醫療診所真的在用「吉 X 福適治潰定加強膜衣錠」，因為廠商只做成 OTC 包裝，曾經 30 顆行情價是 700 元，鋪貨給藥局當淺貨來賣，只有笨蛋才真的拿來健保用，這用下去，醫療診所會賠死，而廠商還是會賺翻，但藥局可是違法賣處方藥了，萬一被抓到，可是罰到脫褲子去。

另一個例子，循 X 寧，可以說是坊間最知名的銀杏製劑。

在健保初期，健保價一顆 19.7 元，2011 年底退出健保時，健保價已經降到一顆 9.7 元，退出健保後，市售行情價一顆 20 元。

---

* 吉 X 福適加強錠：全名為「吉 X 福適治潰定加強膜衣錠」，是兩倍劑量的廣告吉 X 福適錠，也等於一顆善 X 得。這顆藥健保碼 AC33921100，屬於處方藥品，照規定不能販售，必須醫師處方才能使用，2015 年 6 月以前，健保價一顆 1.85 元，之後退出健保。

光看價碼就知道，不要加入健保，廠商才有賺頭，一切，都是「在商言商」。

　　還好，即使善X得退出健保，循X寧退出健保，目前還是有很多藥廠有同成分的藥可以用，而且拜健保共產式統一價格的方式，真的很便宜，像這種老藥，一顆大概就是 2 元上下，比我藥局架上的山楂餅還便宜。

　　只是對民眾而言，「該繳的保費沒有降低，但是能用的藥品卻從原廠變成台廠?!」這一點就令人無法接受。原本健保門診可以很大方使用的藥品，現在卻要自費買，甚至根本沒有。

　　想用好一點的東西，是人的天性。

　　有 LE**US 可以開，誰想開 LU**GN，是吧！

　　另外還有一種情形，是健保藥價太低，廠商乾脆不出貨也不退出健保，或是出貨就是高健保價，例如「吉X福適治潰定加強膜衣錠」或是「維X力」。這種比健保價還高的價格，藥局買不買單？假如藥局有處方，還是要買單。但醫院呢？量大，價格或許還可以談一談。

　　進價高於健保價格最有名的例子：維X力（不是喝的汽水喔），目前進價一顆接近 9 元，2018 年 9 月前健保價一顆 5.9 元，之後健保也不給付了。

　　若和原廠進藥，一次要五百顆，價格和去屈X氏買的價格

幾乎一樣，雖然聽說用處方可以折抵藥價，但我一次也只用二十八顆，剩下的四百多顆還是高健保進藥，然後躺在藥櫃上，這可都是成本哪！

先不討論這藥品到底有沒有效果（按：因為效果仍未定論），至少幾年前醫院都還有在開，但現在想用這個藥品，2018 年 9 月前去外面藥局買真的還比較快（所有連鎖都有在賣）。也就是說，之前若是外面藥局有接到這種原廠維 X 力的處方箋，一顆藥就要賠快 3 元，誰想接這處方呀！（題外話，同成分的台廠藥，一般健保價是一顆 2 元左右。）

所以，有時候在外面健保藥局領藥，藥局會說缺藥，沒辦法拿到和醫院相同的藥，除非換藥廠或是回原醫院拿，其實，也是情非得已。正所謂賠錢生意沒人做，人人家裡都是上有八十歲老母，下有妻兒要養，外有小三要疼，小四要顧，又不是白痴，當然沒法賠錢去幫健保署做功德呀！

對於藥品價格這樣高於健保價，有沒有意義？

有時候，是有的。

雖然那個藥品的整個健保市場用量，會馬上因為沒有利潤而萎縮掉（因為沒有利潤，就沒有醫療院會用），但至少名聲已經打出來了，退出健保轉成自費藥品，雖然總量可能賣得少，但售價提高很多，利潤接著滾滾而來，還可以賣得長長久久。

道理之前就說過，一切在商言商。

另外，藥商們也會拼命打廣告，鼓吹吃藥得好處，但民眾可千萬不要被藥商的廣告洗腦，光看廣告就去買藥吃，還要指定品牌，畢竟「吃藥」不是吃保健品呀！

記得一個原則永遠沒錯：「有病看醫師，用藥問藥師」，能不吃藥，最好。

總和來說，到底有多少藥退出健保？……族繁不及備載。

原因：

1. 健保價太低，不符利潤，乾脆轉成自費更賺。

2. 健保價太低，怕影響國際行情。如全球都在用的女性荷爾蒙普 X 馬林錠，一顆才 3 元，還是退出台灣了。因為台灣全世界最便宜，若是外國人來台灣買，寄回去都還划算，所以乾脆就不進口了。又例如另外一顆降膽固醇的維 X 力，台灣 2018 年 5 月以前健保價一顆 28.3 元，之後一顆砍成 22.4 元，這在台灣已經算是貴的藥品，美國一盒二十八顆售價 400 美金以上，還必須先花一大筆錢看診才能買喔！

因為藥價被刻意壓低，造成我們繳的健保費沒變，能用的藥品選擇卻慢慢消失的結果。

在可預見的未來，如果是同成分、效果相當的藥品，即使換藥廠或許沒關係，但每人體質不同，有人就只對某藥廠的比較有反應，換藥就會影響病情。例如精神科、高血壓等慢性病用藥，不一定能隨便換，過去還在醫院時，就有精神科的用藥藥廠被換，病人說一次抓一把吃還控制不住，直接在發藥櫃台對我咆哮說我給假藥的例子，這一切，我可是深深印在腦子裡。萬一適合的藥廠沒做或台灣不再進口了，那對某些體質比較敏感的病人來說，就慘了。

好吧，這裡也是要幫健保署說句公道話：**因為健保費本來就只是收陽春麵的價格，用本土食材是理所當然**，目前還有進口食材就都算撒蜜思一下，病人該偷笑囉！（溜……）

新手父母對於和小朋友切身相關的產品總是有許多疑問，尤其是吃進肚子裡的奶粉該怎麼選，各式各樣的營養補給品要不要買，這些攸關小朋友健康的細節，往往都讓父母們傷透了腦筋。

　　「人家喝這個牌子的奶粉喝得好好的，我家的小朋友怎麼就喝到問題一大堆？」

　　「網路上都說這家尿布好用，怎麼我家的寶貝老是尿布疹？」

　　想必大家都知道，這些問題的解答就是：「人家的小孩是人家的，不是自家的。」所以網路推文都只是「經驗分享」而已，有些甚至只是拿前寫出來的「業配文」，不能盡信。那到底要怎樣挑比較好？就一個長期販售嬰幼兒相關商品的藥師角度來看，其實挑選的關鍵很簡單。

PART 5

推銷嬰幼兒用品
不告訴你的真心話

真話 25
你用的是醫師推薦的奶粉嗎?

　　市場上原本就有許多歷史悠久的大廠牌,這些廠牌長期與醫院婦產科、新生兒科或小兒科配合,所以媽媽們在醫院待產時,或是在生產完後,通常會收到一、兩罐送給小朋友喝的小罐奶粉,很多新手媽媽因為「醫院的醫師拿這個牌子給我們喝」,回家後就繼續用這個牌子喝下去了。

　　不過你確定這真的是「醫師推薦」的嗎?

　　其實食藥署有**鼓勵哺餵母奶**的政策,所以一歲以下嬰兒奶粉統統不可以廣告,而且配方內容統統必須送審,全部成分都必須在食藥署規定的範圍之內。也就是說,**大家配方其實差不多**。

　　所以這些相似的配方換上不同的包裝,用幾小湯匙泡成一杯以後,真的會達到廠商廣告「讓寶寶更聰明」的效果?真要相信,那肯定是電視看太多了。

　　既然不能廣告,那山不轉路轉,廠商乾脆提供免費奶粉的試用罐,舉辦免費媽媽教室,當然也可以提供醫院回饋金,或是

醫師研究金，對醫院和醫師來說，以上都是一筆業外收益。

　　話說，要是有人不時「贊助」一點「研究費」，不時拿些贈品往我的口袋裡放，甚至是請美美的業務美眉，一大早 6 點半買好早餐放我診間門口，等著和我一起共進早餐，如果再加上晚上 12 點，還能在咖啡廳看到業務美眉迷人的笑容，叫我做什麼都可以啦！

　　更何況只是希望我可以**把一些免費的奶粉送給媽媽們**，像這種不用本錢的小事，連手都不用動，直接吩咐護理站送出去就是了。

藥品不要加到牛奶裡

　　一定有人會將藥粉倒進小寶寶的奶粉或果汁裡餵食，這是不正確的。

　　牛奶、果汁這類是有含有豐富礦物質的食物，有可能會與藥品產生交互作用而影響藥效，牛奶溫度也可能會使藥品變質，味道不對，搞到很多小朋友後來連牛奶都不喝了。

　　萬一小寶寶把摻有藥粉的牛奶吐出來，或是沒有喝完，我們更不知道小朋友到底吃了多少藥，要補多少劑量。因此，即使是非常小的嬰兒，仍應該將藥粉和著開水餵食，才是正確的方式。

而這些，就是廠商期望新手媽媽們在醫院拿到自己品牌所使用的招數，反正多數的媽媽在出院後也會一直買相同廠牌的奶粉給寶寶喝下去。

　　不過食藥署不是不准一歲以下奶粉廣告嗎？但似乎也沒有明令禁止「這不是試用品，這是我們公司為了恭喜媽媽生了小寶寶，所送的禮品」的行為。

　　不論如何，這種簡單的推銷方式，威力就是那麼強。不信去育兒網站上問看看，總有一些醫院婦產科會有奶粉試用罐在發送。

　　放長線釣大魚，這道理永遠受用，而且「醫師拿給我喝的」這種理由到現在還是有許多人相信。仔細想想，像這種砸下重本的行銷方式，只有大廠商才負擔得起，所以你會發現那些大廠商的奶粉似乎特別貴，一罐初生兒奶粉的售價可以從 600 元到 900 元之間跳躍，而且品牌越大價格越高，這樣說來，你買的到底是奶粉還是廣告呢？

要買奶粉，先選產地

所有產品的價格訂定原則都一樣：「羊毛出在羊身上」，像這種大品牌奶粉，推廣要花多少費用，鐵定會在售價上加一點再討回來，而且只會越來越貴，沒有便宜過。

所以大家除了不要有廠牌迷思外，到底應該怎樣挑？

就像現任美國總統，地產大亨唐納川普（Donald Trump）說的：「Location！Location！Location！」這道理不只買房投資可以用，個人覺得同樣適用於買小朋友的奶粉尿布。

不曉得奶粉從何選起，就先挑產地吧！而產地又分成了「乳源」和「包裝地」。

看了那麼多黑心食品案件，例如：三聚氰胺奶粉，甚至曾經火紅的塑化劑 DEHP，都在在顯示產地是多麼的重要。

奶粉，最重要的就是牛奶的來源。所以我建議的方式是**先挑乳源，再挑包裝地，而且堅持原裝不分裝**。

因為重工業國家多半會有工業污染，而牛一定都是吃飼料，

現在多半不敢放牧吃牧草，因為若是某一環結有問題，那一批的奶粉就會有問題。正如同上述這些原因，在不注重食品管理的國家，就有可能拿有污染的水源餵牛，甚至在飼料中出現對身體有害的添加劑，例如之前的黑龍江事件。

在萬不得已，不能餵母乳的情形下，買奶粉時我會先挑產地，以紐澳、荷蘭、法國等這類畜牧業發達國家的原裝品做為優先選項，再來量量自己荷包深度，挑選個人喜好的廠牌，**只要小朋友喝得習慣就好**，這樣挑選原則很簡單吧！如果你堅持要選大品牌，當然不反對，這也沒有對錯問題，小寶貝喝得安全最重要。

有一個非常經典的範例，S牌知名的大廠牌應該大家都知道，有空可以去看看第一階段的產地——新加坡製造。

先問一個簡單的問題：「新加坡的牧場在哪邊？一年產乳量多少？」

應該沒有人答得出來，不如直接公布答案：「應該沒有牧場，可能連田都沒有了呀！」其實到底有沒有養牛我也不確定，但至少我最近一次去新加坡玩時，看到的只有百家樂、21點、撲克、老虎機，還有那片漂亮的沙灘而已。

所以，不管乳源在哪邊，「無乳源地製造」的奶粉一定得經過進口原料後分裝，才能再經由漫長的海運飄到台灣來販售。

有科學實驗精神的人一定知道「多一個步驟，就多一個產生誤差的因子」。不管是在台灣分裝或是外國分裝，只要多一個分裝步驟，就多一層風險。

所以，買分裝的奶粉？——這點我個人不會考慮。

尿布呢？我選尿布重點就是透氣和吸濕。根據這些年販售的經驗，還是以日本製的產品，大家反應最好。

請千萬別管價格，差不到哪邊去，但發生溼疹的機率可是差很多。不用懷疑，真的很多人拿著計算機，在尿布區前一直算著一片多少錢，就是要挑出最便宜的那個，但為了幾毛錢，搞得自己心肝寶貝受累，值得嗎？所以這種錢真的不要省，只要小朋友用得舒服，而且情況良好，一切就都值得，不是嗎？

其他產地的尿布，用起來感覺都差不多，只剩「利潤哪個好，就推哪個」的問題而已。我有個鄰居曾經去藥局買尿布，在經過店員「半小時」的「詳細解說」後，決定買了歐系的尿布，標榜純天然木漿製造，保證一夜好眠，但價格是日系的兩倍，嗯！如果是這種錢的話，我想還是省一點好了。

預防過敏，
要買特殊的奶粉？

　　現在的小朋友產生過敏的機率較以前高得多，所以新手父母在挑選牛奶的時候，也會特別考慮標示降低過敏使用的「水解奶粉」。尤其是買奶粉的時候，聽到人家推銷「水解奶粉可以預防過敏」、「分子比較小，更好吸收」，甚至是「水解過的，對小朋友腸胃道負擔比較小」，愛子心切的父母怎麼忍得住不掏出大把銀子來買。

　　一般家長對「過敏」的概念，可能是季節變化讓小朋友抓破皮的異位性皮膚炎，或是塵蟎過敏引起鼻子過敏，甚至氣喘。不過改用水解奶粉的原因，是為了改善以上的過敏症狀嗎？我得說請直接忽略銷售話術，先來看水解奶粉到底是什麼來著。

　　水解奶粉正式名稱應該是「水解蛋白配方奶粉」，因為蛋白質是由許多胺基酸所組成的大分子，有些小朋友對**牛奶的蛋白質**會過敏，所以就有廠商，利用把大分子蛋白質，切成小分子蛋白質的方式，**降低**誘發過敏的機會。

而水解蛋白配方奶粉一般可以分為兩種：一種是**高度水解蛋白配方**（eHF，Extensively Hydrolyzed Formulas），另一種則是**部分水解蛋白配方**（pHF，Moderately（Partically）Hydrolyzed Formulas）。高度水解蛋白配方的蛋白質水解後其蛋白的分子量小於 1500（1.5KDa），因滲透壓高，有很重的苦味，價格昂貴，必須在專科醫師指導下使用。通常適用於嚴重腹瀉、嚴重過敏和黏膜嚴重受損的小朋友。目前市售常見產品有雀巢 alfare 和美強生 Pregestimil。

藥師小辭典：KDa

　　道爾頓（dalton，Da），是一種原子質量單位（Atomic mass unit，amu），又名統一原子質量單位（Unified atomic mass unit，u），定義為靜止未鍵結且處於基態碳 12 原子質量的 1/12，大約是 1.66*10^-27 公斤，常在生物化學、分子生物學上用來當作原子或分子質量的單位，因為很多大分子有上千道爾頓的分子量，這時候就會使用 kDa（千道爾頓）作為單位來減少書寫的位數。

　　一般在描述原子質量或分子質量的時候不寫任何單位，而是將原子質量單位作為默認的單位，如上文中水解蛋白的書寫方式。

又例如：玻尿酸：5~20000 KDa；膠原蛋白：280 KDa；小分子膠原蛋白：3~30 KDa。

部分水解蛋白配方含有中小型蛋白質分子，蛋白質水解後其蛋白的分子量大於 3500（3.5KDa），適用於過敏情形不是嚴重時使用，除了可以降低過敏發生機率，又可以誘導小朋友的牛奶耐受性產生，相對口感也好一些，小朋友接受度也比較高，一般人常稱為「低過敏配方」。

其實還有一種**黃豆蛋白配方**可以取代，避免了動物性蛋白質過敏的機會，但適合與否，都要得看每個人體質去調整，如果小朋友對牛奶的蛋白質過敏，其實是有很多選擇的。

所以重點來了，**水解奶粉只對牛奶的蛋白質過敏有緩解效果，對其他的過敏統統沒有意義。也就是說「水解奶粉不能預防一般過敏」**。正因為水解奶粉的研究對象是針對對牛奶蛋白質過敏的小朋友，而不是一般皮膚過敏，或是吃其他食物會過敏的小朋友，而且研究時使用的是「100% 水解配方」，所以如果對牛奶過敏，即使買部分水解奶粉似乎也沒多大意義。

再換個角度想，我們小時候有這種過敏問題嗎？好像同輩之中，也沒聽說過有人要喝什麼水解奶粉，或是貴得要命，其實只是讓藥局賺多一點的羊奶粉。實際上，環境的污染因素和無所不在的人工添加物，才是我們該注意的地方。

不論是買多貴的牛奶、還是羊奶，無價的珍貴母乳才是寶寶最好的選擇，通常是不得已的情形，才要使用奶粉，甚至是特

殊奶粉。那些網路推文說某牌奶粉多好用，吃了都不會過敏或是可以預防過敏云云，既然醫學證據已經在眼前那麼明顯，討論區裡的那些網友回文直接忽略不看也就算了。

　　像這類特殊奶粉使用與否，請統統留給專業醫師指示之後再做決定。

真話 28
成人奶粉也要看成分！

　　知道我對於幼兒奶粉選擇方式，一定還有人會想知道成人奶粉的選擇方式。因為我很懶，所以多半只喝超市買的光X牌的鮮奶，因為媽媽說和她小時候自己擠的牛奶味道最像，其他都太香太濃。雖然隨著育種技術的進步和飼育方式的改良，現代的畜產業的牛種，乳汁可能脂肪含量比以前高些，味道當然就更加地濃、醇、香，但唯一的顧慮是：你買的可能是添加物很多的化工牛奶。

　　那成人奶粉要怎麼買呢？成人奶粉挑選和嬰兒奶粉的原則相同：「先挑產地，最好原裝」。大人的標準可以放寬鬆一點，因為我們身體比較能承受那個「萬一」，但不要相信廣告內容和檯面價格，尤其不能拼便宜。

　　注意重點在於「成分標示」。記得，我們要買的是奶粉，所以買「奶粉」就好了，加了太多有的沒的，不但沒必要，也多了更多風險。

有些奶粉會標榜「奈米鈣」，有些也會標榜「一杯等於三杯牛奶的鈣質」，大部分都可能只是形容詞。廠商所謂的奈米鈣，其實就是「磨得很細的碳酸鈣」，把顆粒磨細，藉此增加碳酸鈣的吸收度，用這當作牛奶銷售賣點。

　　而為了「成分重新調整」，還要增加鈣含量，就可能因為成本考量，相對就把奶粉比例減低，可能真正奶粉含量降到 70%左右，其他就加麥芽糊精或是乳清蛋白來增加容量。「一杯等於三杯牛奶的鈣質」，就只是額外添加碳酸鈣，把奶粉中的鈣含量提高，問題是加的也就是鈣片，一顆碳酸鈣片才幾元而已，整罐奶粉價格卻可以膨脹到快兩倍，整體來說這類奶粉的 C/P值不高。

　　相對來說，我寧願買真正的純奶粉泡來喝，外加直接吞一顆檸檬酸鈣片，步驟差不多，但攝取到的更是營養又划算。

　　所以，成人奶粉到底要怎麼選？——買最純的，成分沒有經過調整的就好。

知名奶粉魚目混珠，摻雜麥芽糊精

2009 年 10 月台灣醒報公布了董氏基金會的調查，市面上四十二種成人奶粉，最誇張的乳含量只有 55% 左右，添加了大量的麥芽糊精充數。

所謂「麥芽糊精」就是種澱粉水解的多醣類產物，營養上就是屬於醣類，每公克提供 4 大卡熱量。簡單說就是一種「沒有甜味的醣」，純粹熱量來源，常被添加在奶粉中增加體積。

你以為喝下去的是一杯牛奶？其實有半杯等於糖水！購買奶粉時，別以價格當作為唯一考量，請仔細看看背面的成分標示，麥芽糊精、乳清粉都不是奶粉該額外添加的東西，這道理連醬油這類食品都適用：「額外添加物是不應該存在的」。

所以，你說買奶粉這小事情簡不簡單？但很多人真的搞不清楚。就如同市售「XX 富全家人營養調製奶粉」的售價約 479 元，內容物為 1,600 公克，但「XX 富高優質特濃奶粉」的售價 379 元，內容物卻只有 800 公克，很明顯有很大的比較價值。

要買哪一個？「拼便宜大碗」的和「要品質」的，青菜、雞腿各有所好，正所謂師父帶進門，修行看個人，這點就留給大家依照喜好選擇了。

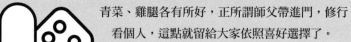

真話 29

奶粉、尿布，
怎麼買最划算？

決定好奶粉和尿布品牌，當然下一個問題就是「去哪裡買」。

不用懷疑，一定要是連鎖藥局或是連鎖藥妝店。大賣場？除了好Ｘ多，一般賣場不拼價，買到貴森森的奶粉，豈不是太對不起自己的荷包了。

這也讓人不禁要感嘆本來應該是「做好藥事服務，顧好鄰里健康，有病就轉介到醫師」的藥局，現在卻淪為「日常雜貨、婦嬰用品集散地」，所有東西都削價競爭的戰場。這幾年時機差，經營者真的很辛苦，更何況現在很多東西都曾經因為塑化劑疑慮直接下架，藥局少了很多「收入來源」，不拼，行嗎？

我發現在一些育兒網站中，大家線上討論的，很多都是在問「哪裡可以買到最便宜的奶粉」、「哪裡有特價活動」，或是「要不要揪團搞個團購」這類問題。

如果要便宜，「品質」就可能會變成第二考量，既然大家最有興趣是這個，那我就直接教大家省錢的撇步——開罐、拆封。

什麼是「開罐」？通常連鎖藥局都有會員制，用會員獨享的優惠讓消費者加入會員，為了拉客人，藥局很多都會在奶粉賠一點，或是只賺一點點就賣出去，還記得之前談過的「大色貨原則」嗎？反正找到機會再「轉」成有利潤的奶粉賣，再不行就賣媽媽們營養品，用類似「加點鈣粉，寶寶長得更快」的話術來推銷，事實上，當然沒這回事，吃再多鈣粉也長不高，那都是天註定呀！

看來看去，就我老爸食古不化，說什麼：「來我們家藥局的，都是好鄰居好朋友，怎麼會是會員那麼陌生的東西，我的藥局不玩這些把價格表面提高再降價的遊戲，直接特價就好。」拜託，這樣怎麼玩得過人家呢？

而會員制對消費者會有利的，就是「只要是會員，每週都可以用開罐價買一罐奶粉，拆封價買一包尿布」。也就是在櫃台結帳時，當場把奶粉打開來破壞包裝，或是把尿布當場剪截角，或是破壞外包裝，這就可以拿到特別優惠的價格，當然破壞包裝的目的，是為了避免有心人的轉賣。

前者是「開罐」，後者是「拆封」，這種方式，大部分是不能退貨或換貨的，因為已經破壞了原包裝。而會玩這種遊戲的奶粉和尿布，通常就是大廠牌的，比較沒有利潤的，所謂的「帶路貨」，這類的品牌大家一定拼便宜，所以貨比三家一定不吃

虧。

然後，我們就每一家連鎖的藥局，統統去辦個會員，星期一這家買一罐，星期二那家買一罐，一週過去就再來一次，買到的價格一定都很爽。

你問我會不會這樣做？我又不是傻子，事關要喝進肚子裡的奶粉，我才不要這樣咧！誰知道開罐的時候，旁邊有沒有什麼人感冒，或是那店員的手有沒有乾淨。萬一，污染了打開的奶粉，再拿回家給我的寶貝吃，就像前面說的：「多一個步驟，就多一個風險」，這種要給我寶貝吃下肚的東西，我不要在外面開，寧願貴一點拿回家開。

而且，換算到處跑藥局的油錢和時間，我寧願統統省下來回家看我的寶貝。至於尿布？不是吃下肚的就比較沒關係了，可以放寬些心，有機會就拆封省錢吧！

那不買開罐的奶粉，還可以怎麼賺便宜？——放心，一定還有「搭贈」這種玩法。會使用這類促銷手法的奶粉，通常是利潤比較高些，知名度比較低一點，甚至這一大區只有我這家藥局能賣的「淺貨」。

藥局玩法通常是「慢慢買，十二罐我們送你一罐」，或是「一次帶六罐就直接送你一罐」，又或是「一次帶十二罐送你三罐」。

一定也還有「一次買兩罐，可以挑 a 玩具，一次六罐，不但送你一罐，還可以拿這個 b 玩具。一次買十二罐，這堆玩具統統送給你」，這種促銷手法有沒有很熟悉？因為每家藥局都這樣玩，利用「搭贈」和各種玩具來吸引消費者一次多帶一點。

那我會怎麼買？假如寶寶真的喝得很快，一次帶多點沒有關係，例如：嬰幼兒第一階段（六個月以下）和第二階段（十二個月以下）奶粉，大概一週就會喝到一罐奶粉，那可以一次多買些，不但有搭贈，還可以「凹」到一些實用的贈品。

至於那些玩具，不要也罷，統統是簡陋的大陸製玩具，沒有價值可言，大部分也都不好玩。挑選贈品應該是「看看週邊有沒喜歡的實用東西」，能凹一個是一個。

至於第三階段（十二個月）以上，因為寶寶的主食不再是牛奶，喝的速度慢，那就一次帶一點就好，雖然是奶粉，製造日期愈近愈好，畢竟喝新鮮點總是好的。

再提醒一下，吃下去的東西一定要謹慎！那萬一寶寶奶粉喝了「不合」，拉肚子或便秘怎麼辦？

其實小朋友不適應奶粉這種情形，很難直接歸咎在奶粉上面，大部分的原因不明，但我們最常做的一定就是「換奶」。

你也許不知道，去連鎖藥局或是藥粧店買完奶粉之後，只要不是開罐奶粉，萬一小朋友喝了不適應，一兩天內即使有開來

吃了，還是能憑發票回去原購買地點換其他廠牌來喝。

　　對方說開過了不能換？那就和他說：「我小朋友吃了一直拉，你說要怎麼辦？難不成要我叫水果日報來，說你們賣給我的奶粉可能有問題？」

　　相信他們一定二話不說就換給你，畢竟所有的賣方都會怕事情鬧上水果日報，所以不用客氣，反正退貨的奶粉，最後還是退給奶粉廠商，廠商也一定買單，對於商家，幾乎沒有成本問題的考量。既然販售的人沒有什麼風險，我們消費者當然也就不用客氣了。

30

補充營養品，
寶寶才能長得好？

　　各式各樣的營養補給品，應該是藥局最好的利潤來源了，尤其是小朋友的營養品，很多媽媽買起來都不手軟，我們領獎金也真的很爽。以前在同學的藥局實習時，有個藥師同事一個人單月可以賣一百多瓶的鈣粉，還有近百瓶的綜合維他命粉和益生菌，聽說這個紀錄，這十多年來還沒有人打破過。

　　有人在網路說什麼鈣粉賣一瓶賺很多瓶，其實也不一定。如果是大廠牌原裝的，利潤一定不高，但若是你沒聽過的廠牌，甚至是像我同學那樣自己找廠商包裝的，成本就一定很低了。

　　這樣做不好嗎？也還好，我同學好歹也是找大藥廠代工，利潤比大品牌的產品多些是真的，但還是比不上那種在田中間的小工廠做出來的東西那麼過分，賣一瓶賺個十瓶都有可能喔！

　　至於鈣粉到底有沒有需要？其實奶粉都已經設計好該有的營養濃度，「加鈣粉，可以讓骨骼發育變好，生長快速，幫助長牙齒，還可以長得又高又壯」，類似這種說詞，大家一定有聽

過，卻是沒有意義的。

嬰幼兒成長階段的發育本來就那麼快，因為小朋友骨頭裡膠質多。而鈣質的吸收，不但要有好的飲食內容成分，還要再加上維他命 D 的幫忙才能奏效，也就是去多曬曬陽光，單單增加鈣質的分量，並不能保證吸收，讓寶寶長得高。

「補鈣」和「長高」這兩者，根本就沒有相關，身高本來就天註定啦！

我還碰過更扯的。有一天，一個新手媽媽來問我說：「我們家小朋友拉肚子，去那個連鎖藥局問，那邊小姐說先換止瀉奶粉，然後加鈣粉，這樣喝就不會再拉了，可是這兩天拉得更嚴重，怎麼辦？」因為她是職業婦女，沒有時間帶小朋友去找醫師，所以就先來我這邊看看。

那個新手媽媽就這樣連鎖藥局被「砍」了一罐奶粉，再「砍」了一瓶鈣粉。更正！是兩瓶，因為那個連鎖藥局說「買二送一更划算，小朋友還能長高」。不過鈣粉和拉肚子這樣的說法居然也可以成立，夠扯了吧！

回到受過訓練的藥師專業，我看了看小朋友情形，嗯！稍微發燒，但精神狀況還不錯。轉頭看看正在看電視歌仔戲的老爸，他眼神看向角落，朝我使了個眼色。

暗號收到，我直接送新手媽媽一瓶放在角落的止瀉藥水試看

看，順便教好用法讓她回去以後，馬上被老爸站起來 K 了一頓，原來他使眼色，是叫我賣止瀉藥水旁邊的那瓶 1,000 元的「益生菌」。哎呀！直講不就好了。

扯遠了，我的意思是鈣粉真的很好賺，新手媽媽通常也都買帳，反正網路也一堆人喊燒，說一定要添加，寶寶才會長高、長牙齒。可惜對於家裡寶貝來說，鈣粉應該是不需要的。

如果真的要買，像這種雞肋等級的東西，「挑廠牌」就是唯一原則。有個萬一，賠得也多一點，至於店家自己包裝的？還是能免則免，管他買幾送幾，反正羊毛出在羊身上，送得越多，只代表那東西成本越低，不要買比較好。這原則應該大部分的產品都通用才對。

 ## 吃魚肝油防近視？營養需均衡

為了孩子的視力保健，許多父母都會考慮是否要買魚肝油，但其實多數人都不清楚魚肝油主要成分是什麼，更常和魚油混淆。

魚肝油是從魚的肝臟萃取製成，富含維生素 A 和維生素 D，維生素 A 有助於預防夜盲及乾眼，維生素 D 可幫助鈣質吸收。不過兩者都是脂溶性維生素，過多的話容易在體內堆積，長期

過量會中毒。

魚油是深海魚類脂肪萃取物，富含人體不能合成，但又必須的 Omega-3 不飽和脂肪酸，主要成分為 EPA 和 DHA。若是將魚肝油當魚油吃，就要小心因長期累積高劑量脂溶性維他命而引起中毒。

現在營養過剩的時代，脂肪類的飲食比例偏高，我想脂溶性的維他命 A 和 D 在一般飲食中，應該可以攝取足夠的量。不過，若是能適量補充魚油的多元不飽和脂肪酸倒是不錯，事實上，能多吃真正的魚肉，還是最好的囉！

31

真話

初乳蛋白
提高寶寶免疫力？

在很多大賣場和藥局等販售通路，常常可以看到「初乳蛋白」相關的產品，從加了初乳蛋白的鮮乳，到含有高量初乳蛋白的營養補給品，標榜著內含高量的免疫球蛋白，可以「提高免疫力、十天明顯感受增強體力、保護力」，但事實真的如此嗎？

所謂「初乳」是指母牛分娩後，一星期內分泌的乳汁，相較於一般鮮乳，初乳確實含有較高的免疫球蛋白，但跟人體所需免疫球蛋白是否相同，並沒有明確的研究報告顯示。而且初乳富含黏性且酸度過高，成分與一般牛乳不同，雖有豐富抗體（免疫球蛋白），但蛋白質含量比人類初乳還高，所以直接喝牛的初乳，若是食用過量不但無益，還可能導致腹瀉。

所以，目前初乳的功效尚未被證實，而且效果並不明確。

隨便搜索一下，就可以找到有很多網路上的文章說初乳產品有多好。撇開那些說法是否正確，即使牛的初乳蛋白真的能增強免疫力，但一頭牛頂多能產出 30 公升的初乳產量，給小牛喝

都嫌少了，更何況被我們採集起來，再濃縮精製成各項產品，讓人不免質疑號稱初乳的產品，到底含量有多少在其中。

就如同藥品或毒品，所以東西都有「有效含量」的定義存在，即使只是食物也不例外。例如：最普通的普Ｘ疼，每次使用量500mg，就能達到止痛的目的，若一次只吃個10mg，根本沒有意義；但是如果一次超過4g，反而可能會導致肝細胞壞死。舉這個例子，就是說明了使用的「量」，其實是很重要的。

市面上食品級的各項健康食品，在包裝說明上，都有「每日建議量」，必須按照建議的食用方式，才有「可能」達到保健的目的。有國家認證的健康食品如此，那沒有經過認證的其他保健食品，更應該要有這種「量」的觀念，才不會白吃了。

正因為初乳的產量非常有限，所以根本無法確知產品濃度含量。

而最讓我存疑的是「效果」，所謂初乳蛋白（免疫球蛋白）也是一種蛋白質，性質就如同一般的蛋白質一樣，遇到熱和強酸會變性凝固。我們只要想像「煎雞蛋的蛋白變化」就能理解了。所以說，當初乳收集後經過消毒過程，那麼纖細的免疫球蛋白，應該已經大部分都變性了，再加上和空氣的長時間接觸，活性也會降低許多。

吃到人的胃裡面以後，一旦遇到酸，蛋白質也會變性，再加

上腸胃道中的「蛋白酶」的分解作用，原來蛋白的性質應該都已經消失不見，變成蛋白質的基本單位——胺基酸才是，不太可能以原狀吸收到人體，並進入到人體的免疫系統內，有效增加人體的免疫力。

市面上有許多以添加初乳為賣點的鮮乳，同樣一罐，價格可能要加個一成，事實上，初乳的酸鹼值和酸度都與鮮乳不同，一旦把初乳加在鮮乳中，環境改變後，失去了初乳蛋白（免疫球蛋白）適合的生長環境，初乳蛋白可能就無效了。就個人想法，關於初乳蛋白的種種宣傳，還是以噱頭居多，明確的效果，恐怕仍需更精確的相關研究驗證。

初乳牛奶，沒那麼神

　　中國時報曾報導，一瓶 300cc 的鮮乳售價約 25 元，而標榜初乳立刻貴 5 元。業者宣稱初乳牛奶可提高免疫力、增強體力，消基會質疑廣告誇大不實，因為初乳的酸度和蛋白質都過高，並不適合人類飲用，喝了會拉肚子。其實國家標準對乳品的分類大致分為鮮乳、調味乳、醱酵乳等，並沒有初乳這個項目。業者雖宣稱是初乳牛奶，包裝上印的國家標準字號卻是「調味乳」，足見業者是在鮮乳中添加初乳或初乳粉，究竟這是否為合法的食品添加物，消基會希望衛生單位進行了解。至於要不要多花 5 元，答案就在你心中囉！

藥局藥品那麼多，看起來好像很複雜，其實可依照法規簡單分成三級：處方藥、指示藥和成藥。

　　原則上，藥師能自行決定動用的，只有指示藥和成藥，處方藥必須要有醫師處方才能使用。不過即使是指示藥品和成藥，也需要有藥師的專業背景做為使用的準則，光是聽廣告說，或是沿用阿公、阿嬤留下來的用藥方式，可能症狀還沒得到緩解，又會產生一些其他的問題。

　　到底大家在用藥時，有哪些習以為常，卻又錯得離譜的用法，就讓我一一說明吧！

PART 6

常見藥品
不告訴你的真心話

32 看廣告吃藥你就輸了

真話

這觀念一定要和不斷民眾溝通：「有病看醫師，用藥問藥師」。

廣告真的只是一種促銷手法，其中相關的醫藥知識其實不會講得很清楚，和民眾最息息相關的還是在於「價格」。

雖然廣告藥在藥局裡幾乎都是成本賣，但和健保價比起來還是很貴很多很多。

身體有哪邊不舒服，當然首先要去找醫師才對，至少，去藥局諮詢一下藥師的看法，這樣對自己才是最好的！

如上文說的，還有很多「一模一樣成分的健保藥品可以選擇」，並不一定要跟著廣告買貴森森的廣告藥品，所以這邊教大家一招，要買普Ｘ疼，可以直接問藥師「有沒有散裝的」，價格和品質保證讓大家滿意。因為只是找「指示藥」的「其他廠商產品」，就不用太挑廠商了，能當作「指示藥」販售的藥品，表示安全性很高，而既然這樣，那大家只要都是合格藥廠出產的藥品，那品質一定也就差不多了。

解釋一下處方藥、指示藥和成藥有什麼不同：

- **處方藥**：凡使用過程需由醫師加強觀察，有必要由醫師開立處方，再經藥師／藥劑生確認無誤後，調配再給予的藥品，稱之為「處方藥」，如：高血壓藥、血糖藥、避孕貼……。

- **指示藥**：凡藥品藥性溫和，由醫師或藥師／藥劑生推薦使用，並指示用法，即為指示藥，如：保Ｘ達、維Ｘ比、香港腳藥膏，還有很多電視廣告可以看到的藥品。雖然不需要處方箋，但使用不當，仍無法達到預期療效，或會對身體有害，所以民眾在使用或購買時，需要詢問醫師或藥師／藥劑生，請他們指示與說明。

  這類藥品，必須在有藥師／藥劑生執業的地方，才可以販售，也就是說小美檳榔攤是不能賣的。

- **成藥**：凡藥品藥性弱，不需經醫師或藥事人員指示使用者，都是成藥，如：綠Ｘ精、曼Ｘ雷敦。成藥因為藥效緩和、耐久儲存、使用簡便且具有效能、用法、用量、成藥許可證字號等的明顯標示，所以使用上不需經過醫師或藥師／藥劑生指示，就可以用來處理簡單疾病。民眾可以在一般社區藥局或藥品販賣業中自由取得，依說明書上用法用量正確服用。

話說回來，止痛退燒，一定要挑廣告那個普Ｘ疼比較好？

拜託，也看一下產地好不好，馬來西亞……，我只能強調「我愛台灣」，至於品牌，真的不是最重要的重點啦！

要記得，廣告永遠是促銷手法，和實際情形都是有出入的。

例如「吉X福適錠」廣告，真的「一粒搞定」？

看電視廣告那男主角，明明胃就不舒服了，還要「再忙，也要陪妳喝杯咖啡」或是吃麻辣火鍋配啤酒？只是自找麻煩而已呀！

假如真的「喝咖啡，吃甜食，又讓你胃食道逆流啦」就照廣告去買藥來吃，但不改飲食習慣，吃藥也只是去壓症狀而已。

拜託，飲食習慣不對又不改，嗑再多粒藥品也沒用。

又如「固X沙敏」，真的可以像電視上那個阿嬤一樣，吃了就讓你「蹲下去又爬起來」，連山路都可以用跑的上去？

絕對不可能，真的膝關節不舒服，一定要先去找骨科醫師看看，若是再照電視那樣跑下去，膝蓋只會壞得更快呀！

所以，千萬不要一味的追著廣告走，尤其是藥品，使用前記得問一下藥師，確定正確用法，這樣對自己健康才是最好的。

又例如「諾X膠囊，吸附毒素排出體外，體內做環保」這個廣告。每隔幾年該產品就換版本重播一次，我們就必須再說一次，活性碳是用來「吸附干擾胃腸道的細菌性毒素、消化性毒素及其他有機性廢物，解除腸內滯留氣體及有關症狀」，和什

麼「體內環保」這類虛幻的名詞完全不相關呀！

請記得，廣告上的漂亮名詞，絕對沒有意義，只是吸引消費者去購買的手段罷了。

重點是，記得進一步問藥師看症狀適不適合這個藥，若是太嚴重，還是去看醫師會比較好。

還有，某感冒藥水的廣告，一次就扛好多箱上船出海去，像廣告內容那樣，有多少人喝那類感冒藥水都是一次乾一瓶？保證占絕大多數喔！

一次一瓶就是兩顆感冒藥的劑量，廣告說不會成癮，但一次乾一瓶的咖啡因總量那麼重，長期下來不成癮才怪，不傷肝腎才怪，又若是有胃潰瘍的人，咖啡因又是一個誘發因子，胃潰瘍若不再出現就很難了。

瞧，看廣告吃藥……穩慘。

還有，某西藥成分的咳嗽藥粉包裝成整罐像胃散一樣的包裝，都不怕買的病人服用過量，廣告中還強調「一定要配（台語）溫開水（國語）」。

……為什麼，為什麼一定要配溫開水，一般的冷水難道就沒效了嗎？

那天我去診所看感冒時，醫師怎麼沒交待我「一定要配溫開水」？我喝冷水配診所開的藥也一樣有效呀！

一直到現在，還是有人會來買普Ｘ疼說要吃胃痛，這個沒效啦，若是買成藥的時候有先問一下藥師，也就能知道該怎麼選擇藥品了。

請記得，吃藥，絕對不能照廣告吃呀！

 ## 跟著名人代言用藥就錯了！

有時候，名人不代表專業，更多時候，看起來很專業的人……其實根本不是專業人士。

尤其現在電視廣告都節目化，節目廣告化，看著一堆名人在講某某產品很好用，很多時候民眾根本搞不清楚那到底是節目，又或只是商業廣告。

最明顯的例子，這幾年有個帶狀健康節目捧紅了所謂「藥理學博士」或是「藥學專家」。但大家其實只要去那名人的個人網站看一下就知道，學歷是「神經化學及分析化學博士」，沒有醫師執照，沒有藥師執照，換句話說：「不是藥學專業人士」。

奇怪，媒體不都說他是「藥理學博士」，難道不是位「藥學專家」嗎？

放屁！

一般人哪搞得清楚什麼是「神經化學及分析化學博士」，還

有更扯的，曾經聽過「在醫學院教書，當年台下的學生現在都是醫師，為什麼不能向民眾談正確的醫療觀念」這類說法，也不知道是不是媒體自己寫出來的事情，實在是有夠扯，正所謂「隔行如隔山」，以前教過我的高中數學老師，肯定也說不出來阿斯匹靈的作用機轉呀！

又如很多藝人代言的某減肥食品，因為有人吃了產生腹瀉、腎發炎、頭痛及胸悶、水腫等症狀，甚至有人嚴重敗血症，所以幕後老闆直接被依詐欺犯抓走了。

又如某女藝人代言的減肥品，電視上號稱多有效多有效，實際上，那女藝人卻越來越胖。

又如某男藝人代言的洗髮精，洗了真的會重新長頭髮？洗了更加好運氣？不可能啦！

這類例子網路隨便找找，真是太多了。

吃下肚的，安全第一，是吧！

再舉個例子。

中國人的飲食習慣中，如果身體有任何需要「補」的地方，雞湯一定是恢復體力的首選，而在一切講求步調要快的現代，更有廠商發展出有很多大牌藝人都代言過的雞精，現在如果遇到親朋好友有人生病，大家往往「送一盒雞精」，是最簡單表示關懷的方式。

就一般正常飲食的觀念，雞肉是一個很好的蛋白質來源，但是就和其他的肉類一樣，必須經過腸胃道消化，變成小分子的胺基酸，才能被身體吸收，這對於一些腸胃道無法正常運作、或是希望快速恢復體力的病人來說，吃雞肉補身的效果的確會慢一點。

所以，雞湯或是雞精，這類已經是好吸收小分子的食物類型，是有它們存在的意義。如同廣告中說「每天早上一瓶，吸收更有效率且能促進新陳代謝，讓你思緒清晰一整天。」

但廣告中沒說的是，雖然雞精零脂肪、零膽固醇、低鈉，但卻是一種動物性高嘌呤的食品，低鈉，但是**高鉀離子**。若是高血壓、痛風、糖尿病、腎臟病等的慢性病患者，可能不適合天天飲用。

東西再好，總是有一些例外情形必須注意。

新聞就有報導過「雞精喝太多糖尿病老婦腎衰竭」，雖然醫學的問題，不能全怪雞精這單一樣食物，但確定是個風險因子沒錯。

雞精這東西確實是好的，但名人代言的內容中，卻沒有說該注意的事項，或是不適合的對象有哪些該排除。

更有人迷信雞精的好處，不願意吃雞肉，然後上網看網友說明，就在家自己用蒸籠去蒸雞肉，收集滴下來的湯汁，說那些

湯汁都是精華，然後把剩下的肉統統丟掉，愚笨也浪費食物了。

那樣做出來的雞精，其實只是「部分的雞肉蛋白變成小分子溶於水」而已，假如消化系統沒有問題，倒不如直接吃雞肉，這樣才能攝取到全部的營養素。

雞精，雖然有它的好處，但絕不可以把雞精當做營養的來源，要說營養成分，一杯牛奶的「營養」絕對勝過一罐雞精，只是雞精含有比較豐富的游離胺基酸，能夠以最少的身體負擔，在「當下」快速吸收（和吃雞肉比的話），就這樣而已。

請記得，雞精方便，但雞湯實在。

這些資訊，民眾若不問藥師或醫師，一般銷售人員是不懂也不會去在意的，反正東西有賣出去，錢有進來就好。

所以，跟著名人代言買？看廣告就吃下肚？

拜託，千萬不要有這種想法。

消費者一定要知道：怎麼查詢「代工廠地址位置」？

不斷的強調：「吃下肚的，安全第一。」

消費者一定要知道自己吃的東西是「誰做的」，和「品質到底好不好」這兩大問題。

很多你我都沒聽過的保健品，通常製造廠商就只會寫個「代工廠號碼」或是「工廠登記證字號」，而不會直接寫出廠商的地址和聯絡電話，這樣，沒法子一下就知道製造廠商背景。

尤其是某些通路賣的保健品，說不定就是自己隨便找廠商包裝的，又如一些只在網路販售的保健品，不說不知道，可能只是田中間的一個小代工廠包裝出來的。

這些資訊，消費者若是不察，就會買到這些「一旦瞭解真相後，你根本就不敢吃」的東西。

其實要查詢很簡單。

上網 Google「工廠登記資料查詢」，直接進去查詢網頁，把產品標籤上的「代工廠號碼」前 8 碼打進去，就可以看到廠商的基本資料，包括負責人名字和地址。

有興趣更進一步了解的，按下「工廠名稱」，會有更多的資訊跑出來，有個最好玩的是「電子地圖」，按下去直接看 google 地圖，放大看你就知道那家工廠在哪邊。

很多產品的廠商資訊……很好玩喔！^^

瞧，在那田中間做出來的，就是剛剛網購的東西，神奇吧！網路某個知名作家，錢就是這樣賺的，各位看倌，懂了沒？

民眾若不懂得保護自己，那就會被一些不良的商家，或是所謂網路名人，利用「OEM（Original Equipment Manufacturer）」

簡稱「委託代工」這招給榨了還不知道。也說不定民眾還會去臉書卯起來按讚，順便幫忙推廣一下，這樣不但可能傷了自己荷包，也可能損失自己和朋友們的健康。

「我以前開過藥局，所以聽我的就對了。」⋯⋯錯啦！

網路上偶爾會看到有人在回答醫藥專業問題，最後，不免補一句「我以前請過藥師，開過藥局，所以我懂這個藥」或是「我是藥廠業務，所以我知道這條藥膏的內容」這類自我說明學經歷的話語。

可惜，這就和「我吃過豬肉」的道理一樣⋯⋯你不一定看過豬走路。

藥學專業，不是開過藥局或請過藥師就懂的，我看過飛機，也搭過飛機，我就不敢說我也會開飛機。

你請過藥師，依然不是藥師呀！

用藥，還是問藥師，這樣比較穩當一點。

33

生病不聽說，看病找對人

 不要輕信網路流言

偶爾，網路上就會流傳「某某醫師說」、「有研究報導說」這類沒有來源的網路流言，真真假假，常會讓人無所適從。

一個大原則教大家：只要是「聽說」，就一定是錯的。

網路很多這類「偽醫學」或是「偽藥學」內容，其實對我們專業人士來說，瞄一眼就知道真假，但一般民眾沒有相關背景，萬一相信了就糟了。

幾年前有個很知名的例子：「吃一顆普X疼會在身體內殘留五年。」

其實，若是有一個藥會在體內殘留五年，絕對是件很恐怖的事情，那個藥品能不能上市，可能就會是個大問題了。

真相是，大部分的藥品，幾天之內就會代謝出體外了。

但這流言剛出來的時候，一堆人還真的相信，且不敢再使用同成分的藥品。還曾經有鄰居來糾正我，叫我不可以賣這類藥品，這樣才能做功德，才不愧對我的藥師身分。

……功德個鳥啦，真相信網路留言的人才是傻帽。

又如幾年前網路流傳的「吃豬屎可以抗輻射」，那是人家移花接木的網路流言，原始版本是「環保豬屎可供食用」，差很多的。

目前有幾個專門討論網路流言的節目和網站，例如「MyGoPen｜這是假消息」和公視「流言追追追」，另外像是「網路追追追」的社群網站雖已停止更新，但累積起來的資料也相當值得閱讀。* 有空閒時間的人可以去看看，順便動動腦，就可以知道網路流言是多麼的誇張和氾濫。

再提醒一次，關於這類醫藥流言，建議大家去和家裡附近的醫師或藥師聊聊，大家討論一下也不錯，釐清自己的疑慮，就不會被網路流言左右了。

＊ MyGoPen｜這是假消息：https://
www.mygopen.com/
流言追追追：https://
www.pts.org.tw/program/
Template1B_Customize_Menu.
aspx?PNum=734&CMNum=1452
網路追追追：https://www.
facebook.com/rumorbreaker/

MyGoPen

流言追追追

網路追追追

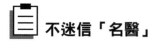# 不迷信「名醫」

偶爾有鄰居要去看醫師，就會來問說「哪個醫師最有名」，或是「哪個醫師最大牌」這類問題。

通常，只要是門診量爆量，看診人數超多，超難掛到號的，網友狂推，又或是上過媒體報導的，又或丈人是個知名藝人，就是一般民眾所謂「大牌醫師」、「名醫」的概念，又或者是「鄰居說」某某醫師超好的，也都算是了。

人之常情，每個病人都想要是「最好的」醫師替自己看病，都希望自己得到「最好的」醫療照護。但事實如此嗎？只要找名醫，就能得到想要的醫療照護嗎？

像我鄰居陳阿姨，從新北市這邊包計程車衝到嘉義去看某個骨科，透早出門，等了半天看一分鐘，打了兩針，拿回來消炎止痛藥＋肌肉鬆弛劑＋貼布，回到家裡已經晚上了，結果……和一般的骨科好像也沒有特別不一樣。

去醫院看診，大家也一定有類似經驗，等了久久的時間後，進去診間問兩句就出來了。

即使是名醫，但「醫療品質」呢？看兩、三分鐘就能滿足病人的心裡疑惑？

一定有人會反駁說「醫師技術好，不能因為看診時間短就說看診品質不好」，但人非聖賢，總有錯手吧！

簡單計算，例如一個門診掛了一百個病人，一診 3 小時，假設時間內可以全部看完：

3 小時 X 60 分鐘 / 100 人 = 1.8 分鐘／人。

在醫師都不休息、不喝水、不尿尿、不恍神、不偷瞄旁邊漂亮護理師的前提下，一個病人只分到 1.8 分鐘，瞧，這是很恐怖的數值，病人椅子都還沒坐熱，旁邊就在喊「下一位」了。

好，假如延長看診時間到 6 小時（假使從晚上 6 點開始看診，也已經看到半夜 12 點了），一個病人也只分到 3.6 分鐘喔！

連看 6 個小時，醫師都不會累嗎？看診的專注度都一樣嗎？

醫師也是人，一次看越多的人，看越長的時間，體力再好也受不了！而在看診當下，病人也得不到需要得資訊，單純「看診＋拿藥」而已。

請記得，不是去「給醫師看」，我們是去「看病」，不是「有看到醫師就好」。

我一向都建議，看診，要有品質，病人更要懂得發問，對自己病情有瞭解，這樣才是對自己的身體健康負責的表現。

📋 看病要找對專科

也有民眾會因為認識某醫師，不管大小病就統統找同一個醫師看。

就如我家南部的叔公，血糖有問題，就因為認識醫院裡面心血管外科的某「名醫師」，所以長期在他那邊控制血糖。

當然「有病看醫師」是絕對沒有錯的原則，在幾十年前，醫師的分科沒有現在那麼細緻，藥品也沒有像現在那麼多種，所以一般疾病，都找同一個醫師就好，但現代醫師的養成教育非常專業，分科又很精細，即使如家醫科這種全科別的醫師，訓練過程也是很扎實，但假如是讓皮膚科醫師去開心臟手術，嗯……不太穩吧！

所以，有哪方面的疾病，就去找哪一科的醫師，這樣，才能得到最完善的照護。例如我叔公有血糖問題，就該找新陳代謝科才是首選。

34
真話

香港腳沒關係，
用醋精治就好？

　　我常常遇到很多鄰居會來問我，說要買「醋精」回去泡腳治療香港腳，通常還會加上某某人用了就好了，我以前這樣用也好了……之類的話。即使我和他們分析再三，醋精不是香港腳的救星，應該選擇可以抗黴菌的藥品，但往往會被施以白眼，深恐遇到少數的不肖藥師又要賺他們的錢。其實多數藥師真的沒有這麼沒天良，而且醋精也不是這樣用的。

　　既然大家對醋精有這麼多超乎藥理常識的幻想，我們就來破解所謂的醋精傳說吧！

　　什麼是醋精？

　　如果你到超市裡的調味品區找找，可以發現一小瓶用塑膠瓶或是玻璃瓶裝的東西，上面簡單貼個標籤「醋精」，就是這個沒錯了。但嚴格說起來，醋精其實只是個商品名詞，仔細看瓶身的說明，主成分是冰醋酸，說是醋精，其實就是「醋酸（Acetic Acid）」。

簡單回憶一下化學課的內容：「醋酸（Acetic Acid），又名乙酸。無水的醋酸，也就是純醋酸，在略低於室溫的溫度下（16.7℃），能夠轉化為一種具有腐蝕性的冰狀晶體，故常稱『無水醋酸』為『冰醋酸』。」

去查一查化工廠商提供的「冰醋酸物質安全資料表」，會發現冰醋酸屬於易燃液體第 3 級、急毒性物質第 4 級（皮膚）、金屬腐蝕物第 1 級、腐蝕／刺激皮膚物質第 1 級、嚴重損傷／刺激眼睛物質第 1 級、特定標的器官系統毒性物質重複暴露第 1 級、水環境之危害物質（急毒性）第 3 級。

簡言之，純醋精其實就是一種強酸，不管是鹽酸還是醋酸的蒸汽，吸入肺部都可能會引起致命的肺氣腫；用在皮膚上，大家都知道鹽酸有腐蝕性，醋酸當然一樣也有。

那醋精安全嗎？假如你覺得洗廁所的那個鹽酸安全，那這個當然就可以放心拿來喝。拜託，沒稀釋的情形下，肯定有危險的啦！

不諱言，學理上濃度高的醋精可以殺死黴菌，不過也同樣會傷害皮膚，同樣的，使用鹽酸一樣可以殺死黴菌，所以這並非是醋精的專利效果，只要是強酸都可以，只是人體無法負擔。

我相信皮膚科醫師大多反對民眾使用醋精來治香港腳，尤其是有水泡或潰瘍症狀的患者，因為傷口碰到酸，容易導致傷口

潰爛，甚至釀成蜂窩性組織炎。

用醋精泡腳，會引發強烈腐蝕作用，造成腳底脫皮。若是有香港腳，會因為脫了一層皮，順便去除掉皮膚上的一些黴菌，雖然因為「癢」的感覺消失而感到舒服，但這不是治好香港腳。相對的，醋精也有可能造成過度的皮膚腐蝕現象，聽說在皮膚科門診，常會看到使用醋精而造成足底潰爛的情形。

還有人會說：「泡醋精腳會脫皮，這樣香港腳就是好啦！」再說明一次，把腳拿去泡鹽酸也會脫皮，這已經和是不是醋酸沒關係了，那是「泡酸水」，脫皮就是表層被酸腐蝕了，只可能造成更大的傷口，所以用醋精來治療香港腳，並不是一個很實際的做法。

現在的抗黴菌藥膏真的都很有效，確實不需要用醋精來治療香港腳，如果是想省錢，一件衣服多少錢？一頓飯多少錢？掛號費多少？不想看醫師，那去藥局買一條藥膏也才多少錢？只想著省小錢，後來可能要花更多時間及資源，去治療因為使用不當造成的傷害，孰重孰輕，應該很清楚才是。

人生只有一次，一定要對自己好一點，用醋精泡腳這種傻事，我幹不出來，也希望聰明的朋友們，別再聽長輩那一套完全沒有根據的說法了，真有香港腳，找一下醫師，問一下藥師，簡簡單單就可以處理的。

📋 用了「X爽」，就不癢？

香港腳，學名叫足癬（Tinea Pedis），說穿了就是一種黴菌感染，我記得小時候老爸都會直接在櫃台後面拿「X爽」來泡腳，邊泡邊說：「好爽，好爽」然後和鄰居阿伯結帳。有道是牌子老、信用好，很多消費者也因為這首琅琅上口的廣告歌曲，想到香港腳，就會直接購這個牌子的藥品，那你知道歷久不衰的「X爽」裡面有什麼成分嗎？

對照一下盒子上成分表，會看到每公克含苯甲酸（Benzoic acid）600mg 和水楊酸（Salicylic acid）300mg，先容我為大家說明一下這兩種成分。

- **水楊酸**（Salicylic acid）：和醋酸同樣是酸，但沒那麼強，因為不能直接殺死黴菌，所以無法達到根治的效果，不過高濃度的水楊酸，因為具有角質腐蝕性，所以用了會脫皮。另外，它也可以用來治療雞眼，像常見的雞眼貼布，或是醫師也會處方的雞眼藥水，成分是 16.7% 的水楊酸，只是兩者濃度不同而已。

- **苯甲酸**（Benzoic acid）：也就是一般常說的防腐劑，因為有抑制真菌、細菌、黴菌生長的作用，所以被用來治療癬類的

皮膚疾病，苯甲酸在酸性環境下，對抗黴菌的效果最好，所以在應用時，會和水楊酸一同調配。使用時，通常塗在皮膚上，但現在多被更新一代，效果更好的抗黴菌藥品所取代。

這些配方在治療香港腳上當然有一定的效果，但依現今的醫藥發達的程度，其實可以使用較不具刺激性的藥品。香港腳既然是黴菌感染，那就用抗黴菌的藥膏輕鬆擦一擦，嚴重的就吃一下抗黴菌的藥物就好了。更何況，我們還有全世界最偉大的全民健保，付個掛號費，醫師就會幫我們診斷，並且開好處方，那麼好的醫療資源不用，反而去相信網路的資訊和廣告詞然後泡醋精，可就太不划算了。

如果還是習慣使用足浴式的香港腳藥品當然也 ok，不過一週一次就好，因為刺激性太強，實在很傷皮膚，我還真的碰過有阿嬤每天泡，結果兩隻腳的皮膚都脫落得面目全非，當下只能轉介去皮膚科，而這就是錯誤用法了。

 ## 治療香港腳的藥品，該怎麼買？

也有人和我說：「藥師，你說那些抗黴菌的藥品都沒什麼用啦！擦一擦才好一點，沒多久又復發了。」

其實「香港腳」三個字只是俗稱的形容詞，理論上是可以斷

根的，但很多人就是一直復發，主要原因就是**大多數的人用藥**
配合度低，沒有完成完整的香港腳用藥療程。而且，有時候脫
皮會癢是因為濕疹或汗皰疹，這時候就必須去看醫師確診，才
能對症下藥。絕對不是電視看看，「自己以為是」就算數，醫
師藥師的專業，是無法取代的。

大家一定看過電視上的「療 X 舒」廣告，不管是「一次療程」
或是「一天擦一次」，仔細看清楚，統統沒有寫說「七天就會
好」，只有寫「每週一次」。很多來指定購買的鄰居都會以為
買一條，擦個七天就會好，其實統統都錯了，還有鞋子、襪子、
生活型態……等等各方面都要注意的。

所以，到藥局怎麼買香港腳的藥？我的建議是直接把鞋子、
襪子脫掉，讓藥師看看。假如情況簡單的，或許一條藥膏就能
搞定，情況比較複雜的，就一定要轉介到皮膚科去解決。何況，
說不定只是落屑性角層分離或是汗皰疹，和香港腳無關，這種
問題擦抗黴菌藥膏是沒有用的。

而目前香港腳的主要治療方式，以新一代的抗黴菌藥品為主，
不論是擦的、噴的都好，但療程請先預估一個月，沒有持續用
藥，真的是斬草不除根，春風吹又生，最後可能會花上加倍的
時間來對抗香港腳，可就得不償失了。

至於要不要指定大品牌藥膏？

其實許多的台灣藥廠也一樣有同成分的藥品，便宜又大碗，因為這並非特殊藥品，所以效果和價格的落差不會很大，而且一樣都有效，這方面就讓藥師為你服務，疾病會好，我們有賺頭，雙贏。

再次和大家強調：「有病看醫師，用藥問藥師。」這樣才是最好的啦！

真話 35

吃西藥傷胃，
所以要配胃乳片？

在一般人的傳統觀念中「吃西藥一定會傷胃」，所以吃任何藥品時，一定要配著胃藥吃，才不會對胃造成傷害。尤其是阿公、阿嬤那一輩，每次看完醫師，一定會多加一句：「嘎哇加一粒胃藥，我怕礙胃。（按：請用台語發音）」很多醫師也基於體貼病人的理念，雖然是不傷胃的普 X 疼，也會外加一顆胃藥，當然，一顆 2 元，二十八顆請自費 56 元，嘿嘿嘿！

必須要說，「吃藥配胃藥」這觀念大錯特錯，在醫學中心也很少這樣做，而且我們還會一直教育民眾「吃藥不要配胃藥」。

其實這裡說的胃藥，或稱「胃乳片」，就是我們所謂的「制酸劑」，作用在於中和胃酸，減緩胃酸過多對胃部產生的不適感，並不是萬靈丹，而且也沒有太特殊的預防效果，是否服用的依據，應該是面臨相關症狀時再考慮使用，比較有意義，並不是每個有使用藥品的病人，都需要另開胃乳片服用，而是應該依據疾病的狀況，來決定是否應該使用。

📋 胃乳片到底怎麼用？

通常醫師會合併處方開胃乳片的狀況可能是：年紀大的患者、有消化性潰瘍病史的人、吃藥容易產生不適者，或是服用一些容易傷害胃部的藥品，如：類固醇、止痛消炎類藥品……時，才會建議在「當下特殊時間」使用，而不是和藥物一併服用。

因為制酸劑的作用只是暫時中和胃酸減輕症狀，並無法抑制胃酸分泌，所以太嚴重的消化性潰瘍，使用制酸劑並沒有明顯治療效果，頂多緩解一下不舒服的感覺，像這種情況，需要經過醫師診斷後，再使用其他抑制胃酸分泌的藥品，例如：氫離子阻斷劑……等，治療才會有效。

假如是在使用藥品後，感到胃部不適，決定用胃藥，還是要經醫師或藥師判斷後，再依照指示服用，這樣才不會吃了胃乳片，反而傷胃（原因詳見下篇），甚至因為合併使用，而降低原本藥品該有的療效。最好的選擇，當然就是「醫院在用的那一種」的「胃酸抑制劑」，就是個便宜大碗的選擇。

記得一個原則：「藥品不是補品」，到藥局若是有人和你推銷說：「這是胃病特效藥，一盒 800 元，每天照三餐空腹吃。」千萬不要傻傻的就買了，因為胃藥不是補品，付 800 元的費用，

要治胃病恐怕是太天真了。

　　疾病的治療還是要回歸到專業面，如果只是一時來不及看醫師，先到藥局買胃乳片應急是可以的，但若是胃部的長期問題，還是應該找個肝膽腸胃科檢查一下，有必要時，甚至照個胃鏡，確定原因後再做治療是最好的。

 誤用胃乳片，小心愈吃愈糟糕

　　大部分藥品在正常使用下都是不會傷胃的，所以不需要長期合併胃乳片服用，來預防胃部傷害或是「保養」胃部。這些抑制胃酸的胃乳片應該視症狀使用，千萬不要當成補品吃，以為「有病治病，沒病強身」。

　　事實上長期不當使用胃乳片，可能會造成下列的問題發生：

● **失衡的酸鹼值破壞藥品的功能**：有些藥品是利用酸鹼值的變化，改變藥品吸收的部位，而提高效果，或減低胃部的刺激。例如：阿斯匹靈，很多藥廠做成「腸溶錠」，就是利用胃部和腸道的酸鹼值不同，而控制藥品釋放和吸收的部位。如果併服胃乳片，可能會使胃部的酸度降低，阿斯匹靈就可能直接在胃部從藥錠釋放出來，直接對胃部造成刺激，反而達不到使用胃乳片的預期保護效果。

另外還有個問題，因為胃酸是我們人體吃了食物後的第一線防禦關卡，適量的胃酸可以消滅食物中的細菌，若偶爾吃到有問題的食物，可以因為酸的殺菌作用而保護了人體。但若長期使用胃乳片，可能會使胃部的**酸鹼值**升高，結果使入口的細菌無法被消滅，造成在消化道內過度生長，反而產生感染的問題，例如細菌性痢疾，那就傷腦筋了。

* **金屬離子造成身體額外的負擔**：胃乳片的主要成分，多為鋁、鎂……等金屬離子，學理上人體若長期攝取鋁離子，會造成便秘及磷酸吸收降低，還有可能影響智力；而鎂攝取過多，反而會造成腹瀉，體內電解質失衡。另外，老年人及腎功能不佳者，攝取額外的金屬離子，容易造成體內電解質不平衡及結石。而且胃乳片的金屬離子，也可能會與某些抗生素或是藥品產生結合，進而減低了藥品的吸收和治療效果。

所以胃乳片的使用原則還是「有症狀時再使用」。長期服用胃乳片是否有好處，醫藥界並沒有正面的說法，但至少能確定這類重金屬離子對於腎臟的代謝，是會增加一定的負擔。

要不要加胃乳片，其實是可以在看醫師的時候，確認是否有其必要性，當然如果遇到問診 3 分鐘就「我開個藥你吃吃看，不行就三天後再來看看」的醫師，下次就換個真能「聊一下」的醫師，病人永遠都是最大的才對啊！

36

真話

有事沒事吃胃散，
健胃整腸助消化？

　　除了胃乳片之外，胃散也是阿公、阿嬤的愛用藥物，我常看
這些長輩，只要感覺肚子脹脹、消化不好，大部分都先來個兩
匙胃散，我還聽過隔壁的阿伯說：「吃起來甘苦甘苦的，而且
漢藥配方比較顧胃啦！」

　　長輩的觀念是錯的，因為胃散也是藥，真的可以這樣沒事吃
來顧身體嗎？而且真的是中藥配方就比較顧胃嗎？就從兩個最
知名的胃散品牌，來看看到底胃散是什麼東西組成的好了。

成分分析　每 1 公克（內附湯匙即為 1 公克量）	
張 XX 強胃散	金 XX 胃腸藥
Sodium bicarbonate 碳酸氫鈉 809mg	Sodium bicarbonate 碳酸氫鈉 740mg
Magnesium carbonate 碳酸鎂 58mg	Magnesium carbonate 碳酸鎂 80mg
Glycyrrhiza 甘草 86mg	Glycyrrhiza 甘草 100mg

Caryophyllus 丁香 29mg	Clove 丁香 25mg
Rheum 大黃 14mg	Rheum 大黃 13mg
	Gentian 龍膽 13mg
	Cinnamon 桂皮 25mg
	Menthol 薄荷 4mg

資料來源：原廠說明

用小蘇打粉來抑制胃酸，真的好嗎？

看完成分表是不是有驚訝到，原本以為胃散是純中藥成分，仔細看才發現，其實胃散的主要成分是碳酸氫鈉（$NaHCO_3$），也就是大家都知道的「小蘇打粉」，換句話說，這類胃散的基本原理，就是用小蘇打粉的鹼性來中和胃酸。

如果國中的理化課沒忘光光的話，大家一定學過 $NaHCO_3 + HCl \rightarrow NaCl + H_2O + CO_2$，這個化學式如果換成中文，就是說：小蘇打粉碰到胃酸後，會產生食鹽和二氧化碳。所以吃小蘇打粉來抑制胃酸會有兩個問題產生：

• **攝取到飲食外多餘的食鹽──鈉**

因為小蘇打本身含有鈉原子，會在胃裡解離成食鹽（攝取到

鈉離子），而鹽（鈉離子）是血壓升高的危險因子之一。如果按照建議量，成人每次要吃 2 公克胃散：

2X（食鹽 NaCl 分子量 58.4 ／小蘇打 $NaHCO_3$ 分子量 84）
= 1.39。

也就是說，每吃一次 2 公克胃散，就等於吃了 1.39 公克的鹽，幾乎是一包泡麵的食鹽分量了。

依照食藥署國民飲食指標，成人一天鈉攝取上限是 2.4 公克，等於每日攝取食鹽 6 公克就到頂，若按照胃散藥廠建議方式使用，一天三次，就等於吃下 4.2 公克。而且誰會乖乖一次只吃 2 湯匙呀！看那些阿公阿嬤，每天照三餐吃，心情開心時也吃，一次隨便也好幾湯匙下去，長期下去血壓不高才有鬼。

而且，一直到現在還真的有人認為「吃胃散可以保養胃」，就如同老爸那些大陸親友，只要來台灣玩，我就一定要準備一大堆胃散當伴手禮讓他們拿回去，一箱一箱都不拆，一箱就十二罐喔，這樣也顯得有面子。

但是各位鄉親，這是不成的，有人聽過吃小蘇打粉可以顧胃的嗎？沒有胃穿孔就偷笑了，嚴重的情形，甚至還可能會上社會版新聞。

● 小心！脹氣又胃酸過多

因為小蘇打遇到酸，會在胃裡產生二氧化碳，也就是有可能會「脹氣」，且小蘇打粉中和酸的速度非常快，會讓胃部裡的酸鹼值太快下降。要知道人體會有自動調節機制，胃部一定要是酸性環境才行，所以這種反應反而會刺激胃酸的加強分泌，只要時間夠久，胃部酸度還是一樣會上升，而且可能會「反彈性胃酸過多」。因為小蘇打吃太多，胃部太鹼，胃會讓胃酸快快分泌，一下衝過頭，就變成胃酸過多了。

其實小蘇打一包才不到 50 元，如果是這樣的話，乾脆告訴大家直接吃小蘇打粉就好了，不是嗎？至於中藥成分？請看清楚比例，中藥低於三成，而且又不是什麼名貴藥材，中藥行隨便一把也才多少錢，大部分藥效是那小蘇打粉的「中和胃酸反應」，中藥的好處，應該很慢才會顯現出來。

這樣說好了，如果有一種東西，原料很便宜，而且成品的成分超過七成以上，都是這種沒有特殊治療性，只能暫時緩解，吃完後還可能有一大堆問題產生的粉末，然後要說服我用好幾倍的價格買下來？拜託，又不是傻了，像這種不符合經濟效益的事，誰會去做？

幾十年前，沒有現在發明出來的那麼多種胃酸抑制劑情形下，

或許小蘇打粉就是阿公阿嬤最好的用藥。但醫藥不斷進步，小蘇打早就被移出治療胃疾的行列了。不然，是有誰聽過醫師叫我們回家去買包小蘇打粉嗑嗑就會好嗎？

所以像這類藥品，都不在我考慮的「胃藥」行列裡。如果胃部有問題，要使用這類小蘇打製劑，真的可以再多問一下藥師是否有更多選擇，畢竟這類藥品使用上的實質意義並不大。

臨床上，真的有藥品等級的小蘇打──碳酸氫鈉錠，法定適應症是「代謝性酸中毒之鹼化劑」，是的，不是拿來當胃藥，且藥品說明書中也有記載：可能會造成體液滯留及肺水腫的風

吃胃散當吃補？
六旬老婦一周吃一罐導致鹼中毒

2007 年 NOW 新聞的報導是這樣說的，有一名宜蘭六旬老婦人，十多年來，把胃散當補藥照一日三餐來吃，累計吃下的劑量，可以說是一般人的六～七倍，長期下來，卻造成身體代謝不良，變成鹼中毒，日前全力無力，突然昏倒，結果胃沒保養到，反倒變成低血鉀，導致鹼中毒。

所以說真的要鄭重和長輩再三交代，有病治病，沒病時也別亂吃藥，真的搞壞身體，可就後悔莫及了。

險，也可能會增高血壓，大量使用也可能會造成代謝性鹼中毒，使用必須謹慎。

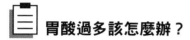

胃酸過多該怎麼辦？

那若是使用電視廣告那種「解決胃食道逆流，一次一粒」的藥好不好呢？

老實說，那是也比較早期發展出來的胃酸藥品，醫院也的確有使用「劑量兩倍」的同成分藥物當作「治療」用，廣告藥品因為劑量只有一半，所以可以當作「指示藥」，不需要處方箋就能自行購買，但實際使用上，請再多問一下藥師，肯定不是你在廣告上看到的那樣。

這個藥品短期使用應該可以獲得一定的效用，但若是必須經常使用這顆藥物，表示胃部一定出了問題，靠那種藥品大概也不夠力了，因為廣告的劑量只有一般治療用的一半，這時還是建議到腸胃科檢查一下，才能更準確知道身體的狀況喔！

真話 **37**

感冒真的熱熱喝，快快好？

　　電視廣告是這樣說的：「熱熱的喝，快快好！含有一顆檸檬的維他命 C，對付感冒快又有效。」

　　再仔細看一下包裝說明：「含維他命 C 及檸檬清香，沒有藥味。用水沖泡後，熱熱的喝，能幫助發汗，可緩解感冒及受風寒時引起的鼻塞、頭痛、咽喉痛、四肢酸痛、發燒不適的症狀，同時讓身體感到溫暖舒適。不含阿斯匹靈，不刺激胃，是家庭醫藥箱必備的感冒良藥。」

　　哇！這麼好用，聽得我都想買了，連隔壁那個漂亮 OL 也來指名購買，說要多買一些放在辦公室，以備不時之需，有美眉來交關是很好啦，不過這種含有一顆檸檬的感冒藥，真的可以有效對付感冒嗎？

有一顆檸檬的維他命 C，真的好威？

照老規矩，要知道使用藥品可以得到什麼效果，就要從成分看起：

藥品每包成分	功能說明
1. Acetaminophen 500mg	普 X 疼主成分，止痛退燒，由肝臟代謝
2. Phenylephrine 8.3mg	收縮鼻黏膜血管、抑制充血、鼻腔腫脹。
3. Ascorbic Acid 33.35mg	維他命 C。

看完這種成藥的配方組合，我們可以發現它可以對付的感冒症狀為：頭痛、發燒、鼻塞。所以如果你的症狀是咳嗽或是流鼻水的話，喝再多這種熱飲也沒有效。

正確來說，感冒只是疾病的名稱，包含了各種症狀，如：發燒、咳嗽、鼻塞、流鼻水……等等。它是一種病毒感染，無法靠一般藥物治療好，也沒有藥物可以把病毒殺死，所以目前所有的藥物用途都是治標而已。也就是說，不管是去看醫師，還是買成藥，都是針對「感冒症狀」而不是「感冒這個疾病」。

因為感冒這種疾病很特殊，若是不理它，基本上七天左右也會自己好。有吃藥和不吃藥的差別，主要是對感冒症狀緩解程

度的差異，沒有吃藥，症狀緩解得很慢，像是一直鼻塞、一直打噴嚏……，這些症狀的持續，會讓人很不舒服。所以這時我們可以借助一些成藥，來舒緩不舒服的症狀，但絕對無法治好感冒。

那傳說中好厲害的維他命 C 呢？仔細看，這種藥品雖然號稱含有一顆檸檬的維他命 C，但實際上一包總量才 33.35mg，市售的維他命 C 一顆就 500mg 了。而且，維他命 C 一碰到熱就會被破壞，熱水裡的維他命 C，能真正被人體吸收的量，實在低到不行，不如直接喝「新鮮」檸檬汁，還比較有意義。

 ## 和醫師處方類似最有效？

那位可愛的 OL 還跟我說，代言的那個名導演有講：「這種熱飲的成分和醫師處方『種類』很類似耶！」

哎喲！傻孩子，感冒時調配處方的藥物，不過就是那幾「類」，例如：退燒藥、鼻黏膜收縮劑、止咳劑，但光是這三類就包含了上百種藥物。所以廣告說「種類」很類似。的確種類是很類似，不過真的沒有意義，因為本來就是那幾類而已啊！

像這種廣告的拍攝方式，可能讓一些消費者誤以為醫師就是用這幾個藥。NO，是這幾「類」的藥，意思可是差很多呢！而

且這一份感冒熱飲，就包含了 500mg 的普 X 疼成分，若是沒有發燒，或是哪裡疼痛，吃了就是多餘的。因為這種成分由肝臟代謝，每天若大於 4 克，會大大增加肝臟負擔，若疾病不需要，沒有出現發燒，或哪裡疼痛的症狀，我是完全不建議使用的。

正因為一般民眾並沒有專業的醫藥知識可以去正確判斷廣告內容中的「眉角」，若光聽廣告就照著使用藥物，很容易造成後遺症，所以用藥之前還是要諮詢藥師，會比較有保障囉！

綜合感冒糖漿，喝一瓶就 OK ？

幾乎每家藥局都會有一種客人，走進來後，直接到定位，拿了三瓶感冒糖漿，默默走到櫃台後，拿出應付的金額，然後立即現開一瓶當場乾掉。

可能偶爾還會烙一句：「你賣得貴別人 1 塊喔！」，也真的有像電視廣告一樣，進來一次就「一箱外帶」的客人。

人客啊，綜合感冒藥水，真的不是這樣喝的，雖然電視廣告說：「不含阿斯匹靈，不刺激胃」，或是「沒有加可待因，沒有成癮性」，但實際上，不太是那麼一回事喔！不如先來看看下頁表格常見感冒糖漿的成分。

仔細看表格，成分共通處就是那幾個成分，主角可以說就是

每瓶 60cc	乙醯氨酚 / cc	Chlorpheniramine / cc	咖啡因 / cc
雙 X 傷 X 友	12 毫克	0.12 毫克	1.5 毫克
克 X 邪	7.5 毫克	0.06 毫克	0.75 毫克
風 X 友	15 毫克	0.12 毫克	1.5 毫克
國 X	7.5 毫克	0.06 毫克	0.75 毫克
明 X 治 X 液	14.94 毫克	0.124 毫克	1.8 毫克
抗 X 寧	14.94 毫克	0.1242 毫克	1.8 毫克
友 X 安	12 毫克	0.12 毫克	1.5 毫克
普 X 疼加強錠	500 毫克 / 錠		65 毫克 / 錠

常見感冒糖漿成分表

「普 X 疼加強膜衣錠」，再多少加一點其他成分進去。所以，若是一次乾一瓶，最多可能吃到快兩顆的普 X 疼加強膜衣錠，這麼高的止痛劑量，頭痛當然馬上就緩解了，但，這可不是臨床的使用方式喔！

而且會喝這類感冒糖漿的客人，通常都是喝了很多年的忠實使用者，也就是說被電視廣告洗腦得很澈底的一群老顧客，藥局在販售的同時，多會按照廠商盒子上的建議告知：「一次喝10cc 喲！不能一次灌一瓶喔！」但常常會被白眼，再被加一句：「林北都這樣喝幾十年了，沒有問題啦！這樣喝才快又有效。」

事實上，這類客人也是很死忠的「哪邊便宜哪邊買」的族群，「不在乎品質，只在乎價格」也多藏在這類客人中。但若是討

Malate Methylephedrine / cc	Guaifenesin (Guaiacol Glycerol Ether) / cc
0.48 毫克	3 毫克
0.2475 毫克	1.245 毫克
0.495 毫克	2.49 毫克
0.2475 毫克	1.245 毫克
0.49 毫克	
0.486 毫克	
0.48 毫克	3 毫克

論到藥物本質及安全性？那問題可就大條了。

　　這種感冒糖漿，每瓶常含有超過一顆普Ｘ疼成分的乙醯氨酚，學理上一個人一天不建議超過四顆，也就是三瓶不到的綜合感冒糖漿。但這類使用者常常把這藥水當補品喝，因為「不喝就沒有精神」。這通常是因為其中的咖啡因上癮了，感覺有一點怪怪就喝，雖然可能有一些喝起來有中藥味，但主要的成分，都是需要肝臟及腎臟代謝的西藥。

　　咖啡因會刺激胃黏膜分泌胃酸，也可能會有成癮性，這點大家都知道，道理其實就和喝咖啡一樣，所以廣告中說的「不刺激胃、沒有成癮性」，很明顯有語病，因為含有咖啡因。而且這類綜合感冒糖漿通常沒有含真正及足量的止咳劑，若只是單

純咳嗽就「一次一瓶」，用法也是完全錯誤的。

📋 先看症狀，再使用藥品

「可是感冒藥水一次喝一瓶，頭真的很快就不痛了呀?!」

人客啊！假如你一次拼兩顆頭痛藥下去，當然快又有效，問題是「劑量過高」，身體就有負擔，偶爾為之可以，可千萬不要像一些長輩把感冒藥水當維他命那樣喝呀！

對症下藥，是用藥的最高原則。所以若是頭痛，請直接問藥師，拿合適的頭痛藥，有效又安全。

不想買整盒？廣告藥品太貴？其實藥局都會有調劑用的同成分藥品，若只是症狀治療，藥師可以提供很多簡單選擇，一顆也才幾元而已，在台灣健保的德政下，保證比糖果還便宜，只要是針對症狀，用對了，一顆就能搞定，也不用怕像感冒藥水一樣過量使用，而且還可能會有「咖啡因成癮」的問題產生。

如果是鼻塞、流鼻水，直接拿相關綜合感冒膠囊就好，成分一定比廣告的綜合感冒藥水還適合，而且便宜划算又安全，雖然一盒通常也是十顆，但肯定也有散裝的，想買幾顆當然也沒問題，在台灣，藥局比便利商店還多，住家週邊問問，肯定就有。

鼻噴劑天天噴，
緩解兼保養？

　　只要季節變換，就有很多人有鼻塞的困擾，藥局就常會碰到有民眾來說：「我要電視上那個 12 小時噴一次就好的鼻噴劑」。也有很多人是直接拿著醫院處方的鼻噴劑來藥局找，說要拿來「保養」。其實，撇開有類固醇類成分的鼻噴劑，像電視廣告使用 xylometazoline 這類成分的鼻噴劑，藥學上屬於「鼻黏膜血管收縮劑」，也就是噴了以後，可以解除鼻腔內部黏膜充血的現象，使得呼吸道暢通，這麼一來「鼻子就不塞了」。

　　使用上，真的很方便又安全，但有一個問題──有耐受性，也就是會越用越沒效。在藥局偶爾也有鄰居來問「一開始，噴一下就有感覺，現在我一次噴好幾下，都沒有用了。」沒錯，這就是產生了耐受性，鼻黏膜會習慣這類藥物的刺激性，換句話說：「常常爽，久了也就不覺得很爽了。」

　　臨床情形，有可能是在連續噴了好幾天以後，有一天沒有噴，反而覺得鼻塞情形更嚴重，這就是產生了「反彈性鼻塞」。因

為藥效過後，鼻肉裡的血管會像彈性疲乏的水管一樣，變得鬆鬆垮垮的，於是流進血管的血液不減反增，鼻肉反而腫脹的比以前更嚴重，鼻塞也就更嚴重了。這時候，就必須讓鼻黏膜休息一下，也就是暫停使用這類藥品，讓鼻黏膜恢復原來的感受性後，再使用才會有效果。

當我們在醫院發出這類藥品時，也常會教育民眾：「你噴幾天，就要休息幾天，最多不要連續噴超過七天。」就是為了避免「藥物耐受性」及「反彈性鼻塞」的產生，而且不要吃冰的東西，正確使用藥品，才能達到我們使用這個藥品的目的。

 ## 聰明使用鼻噴劑

這類鼻噴劑，都是鼻塞時「偶爾」使用。還能忍受鼻塞的程度時，就撐一下，反正這類藥品都是治標不治本，緩解症狀而已。真的嚴重時，也能用簡單的洗鼻器，用溫的生理食鹽水清洗鼻腔，如此可以洗掉多餘的分泌物和過敏原，依舊能舒緩鼻塞現象。購買鼻噴劑時，問一下藥師，選擇「短效」的成分，不要常用，這樣藥品的反應就可以達到最高預期效果。

當然，最好去找耳鼻喉科醫師檢查一下，這樣，才是安全又可靠的解決方式喔！

39

真話

出國掃貨「日本必買藥」，
吃起來就是比較有效？

　　小時候只要講到日本藥，我都會覺得是好神奇、好高級、好有效的東西。但自從我真的「懂藥」以後，不管是不是「和醫師用的種類相同」，其實坊間常用成藥的成分種類，真的就那幾樣而已，日本藥也不例外。

　　成藥沒有什麼特殊之處，找對症狀買成藥，就會「很有效」。

　　打個比方，小護士軟膏，一直到現在，還是有阿嬤會到藥局問：「有沒有日本原裝的面速Ｘ達母？」若是有注意過產地，現在都是台灣做的囉，原廠代理商沒有進日本貨。

　　但是，日本原裝的小護士，有那麼不一樣嗎？

　　答案是，都一樣啦。

　　內容不就是「凡士林＋薄荷＋其他精油」攪一攪的東西，醫師不會拿它來擦外傷，也不會用來擦燙傷，現實上最有效的作用是擦了涼涼的。

　　又例如網路大推，日本旅遊必敗的「休Ｘ時間」，照網路賣

家說明，就是一種水凝膠製品，加了薄荷，貼起來會涼，不容易起藥疹，有加精油的貼布。昏倒，那就是「薄荷油＋退熱貼」，這種東西不用去日本買，隨便就買得到呀！

這種東西對痠痛，大概就是舒緩的效果，玩了一天，晚上弄點涼涼的在腳上當然舒服，沒什麼特別的。逛街走累了，洗個澡再睡個覺，隔天那逛了一天的腳當然也會舒服些，貼不貼這東西，根本不是問題呀！

只能佩服廠商後續開發出各種形式的貼布（如加了顆粒的休X時間），創造需求（逛街必備，遊日必敗），網路賣家又不斷貼文歌頌，造成廣大知名度，這點真的厲害。

但若是我，寧願貼一片「中藥的水性痠痛貼布」，真能活血化瘀，消除疲勞，這下才爽啦！

上次鄰居的阿姨還拿了一罐白色糖衣錠的綜合感冒藥給我看：「藥師，這是我媳婦特別從日本帶回來給我的，聽說很有效，你幫我看看。」藥品也能這樣買，實在是讓人忍不住要懷疑，這樣用真的沒問題嗎？新聞都報導過，台灣人常去日本藥局買的那些必敗藥品保健品，日本當地人根本沒有在使用的呀！

網路上搜索一下，還真的一堆熱心推文，看不懂日文沒關係，讓我們按照原廠商的網頁說明，看看這個超熱門感冒藥的成分到底有多神吧！

藥品成分 大人每次三顆，每三顆含有以下成分	功能說明
Clemastine 0.45mg	解鼻塞流鼻水。
Lysozyme 30mg	抗炎、消腫、祛痰。
belladonna 0.1mg	「莨若類生物鹼」，或又稱「顛茄生物鹼」，緩解淚眼、鼻塞流鼻水。劑量不能高，不然有迷幻、口乾、便秘……等問題。由於安全性的關係，大部分感冒成藥都沒有。
Acetaminophen 300mg	就是 3/5 顆普 X 疼。
Dihydrocodeine 8mg	二氫可待因，是可待因類藥品，用來止咳，吃久了會上癮，甚至肝腎衰竭，這類藥品不是一般止咳的首選。而且這成分，在台灣還是歸類在管制藥品管理，只要劑量稍高就會出問題，所以使用上要非常小心。
Noscapine 16mg	止咳。大部分感冒成藥裡都有類似作用的成分。
Methylephedrine 20mg	甲基麻黃鹼，有支氣管擴張作用。止咳，也用來緩解鼻塞。但劑量也不能高，因為可能會心悸、焦慮不安、口乾、微顫，或血壓升高。 大部分感冒成藥都有類似作用的成分。
Caffeine 25mg	咖啡因。用途是提振精神，或是讓你咖啡因上癮。
Benfotiamine 8mg	活性維他命 B_1。

● 日本熱門廣告藥成分表

其實這些成分，就如同某牌成藥的廣告一樣「和醫師處方的種類相同」，這句話不但他們家的產品通用，其實所有的感冒成藥都通用。仔細比較一下，所有綜合感冒藥成分就是：止痛退燒、解鼻塞、咳嗽、化痰、止流鼻水和咖啡因。

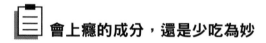 會上癮的成分，還是少吃為妙

真巧，大家都一樣「和醫師處方的種類相同」呢！

實際看醫師時，頂多就是同類型多加幾顆，或許加個抗生素，再拚一點，或許再加顆類固醇，不然加個胃藥，反正藥下重一點沒關係，最好是讓病人一包就好，這樣一定抓得住病人。

正因為感冒用藥都是症狀治療，實際上使用的就那幾類而已，尤其是成藥配方天下一大抄，大家都差不多，看了日本感冒藥的成分，其實就是很普通的感冒藥成分，和手邊成藥的組合很類似，實在無法理解怎會是網路喊燒必敗的藥品呢？要說賣點，大概就只是一般民眾不懂用藥，且有品牌迷思，所以才會覺得日本那個有多好、有多妙。

在我們藥師眼裡看來，或許各家成分劑量稍有不同，但還是建議針對症狀去選擇適用的成藥。因為有的感冒藥止咳的成分多一些；有些感冒藥，退燒的成分多一些；有的感冒藥，是止

痛的成分多一些，效果各有千秋，但是在達到效果的同時，不要有成癮性的最好，是吧！

　　像這種含有可待因的感冒藥，在台灣是管制藥品，即使有加維他命 B_1，但是「藥品又不是維他命」，也不能一天三顆當保養。正因為是藥品，使用上就必須謹慎，因為誰也不想為了健康，反而造成身體難以負荷的負擔。

藥師小辭典：可待因

　　根據食藥署的說明，二氫可待因 Dihydrocodeine 為鴉片類之鎮痛劑，具成癮性，可用於中度至重度之疼痛緩解，口服常用劑量為每 4 ～ 6 小時服用 30mg，部分國家（含英國）經醫師開立處方箋後可於藥局調劑取得，而我國目前未有食藥署核准於國內醫療使用之藥品。

　　另外，醫療使用 Dihydrocodeine 含量 5% 以上之藥品，列屬第二級管制藥品，旅客或隨交通工具服務人員攜帶自用藥品進口者，須依管制藥品管條例施行細則第 23 條規定「病人為治療其本人之疾病，隨身攜帶第一級至第三級管制藥品出國或入國者，得檢附聲明書與載明病名、治療經過及必須施用管制藥品理由之醫師診斷證明書，報請管制藥品管理局備查」。

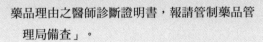

所以大家該怎麼挑感冒成藥？我還是建議大家在購買時，先和藥師敘述現在有的症狀，再請他挑選適合症狀的成藥，這是最快也最好的方式。

　　若有任何疑慮，可以請藥師再進一步解說，若是解釋得零零落落，就換一個牌子，或是換一個藥師吧！如果解釋得有理，剛好適合症狀，那不妨照著藥師的建議購買。

　　像這類簡單的藥物成分，大家品質應該都差不多，但是有好的藥師把關使用，對民眾就是多一分的保障，畢竟藥品不是保健食品，可別聽到網路說好，就跟著吃，真的吃出問題，連求償都找不到對象，就得不償失了。

　　所以，看得懂成分，或是懂得去找資料，對消費者才是最有利的，千萬不要跟著網紅推薦，順著廠商廣告操作，又一味的迷信「日本的最好」，很多東西台灣其實就有，也有一定品質，若真不知道怎麼挑，問住家附近藥局的藥師吧，我們都很願意回答大家的疑問的（若我們當下不懂，也請給我們一點時間去找資料喔）。

真話

40

配一杯溫開水，
15 分鐘咳嗽 out？

有個網路上爆紅的廣告是這樣說的：「咳嗽不是含涼涼的就有效，一定要配溫開水，15 分鐘，咳嗽 out。」

如果常常看台語鄉土劇，對這支廣告應該不陌生，這種一定要配「溫開水」的「X 精」到底是什麼來頭？我們照舊從成分表看起：

藥品成分	功能說明
Noscapine 20mg	抑制延腦咳嗽中樞，抑制咳嗽。
Dextromethorphan Hydrobromide 20mg	抑制延腦咳嗽中樞，抑制咳嗽。
Carbinoxamine Maleate 4mg	抗組織胺劑，可以緩解流鼻水、鼻癢……等感冒、鼻炎症狀。
DL-Methylephedrine Hydrochloride 25mg	交感神經興奮劑，可以擴張支氣管。
Potassium Guaiacolsulfonate 90mg	祛痰劑。

中藥配方？天天吃也 OK ？

簡單看一下藥品的功能說明，看起來止咳的效果應該不錯，但是……這些不是西藥嗎？很多長輩可都以為這一瓶粉狀的止咳藥是中藥，所以每次都是好幾湯匙隨便吃，有症狀時吃，開心時也吃，當作喉嚨保養品一樣的吃。即使我和他們說明這是西藥成分，不可以隨便吃的時候，還有很多阿公阿嬤用懷疑的眼光看我呢！不用懷疑，就連年輕人也是一樣的反應……吃了這麼久，怎麼會有西藥會做成整瓶粉狀的呢？

在台灣的諸多的經濟奇蹟裡，這也算是一項了不起的成就吧！明明是西藥，卻可以做得好像是中藥一樣，讓人有藥性溫和的印象。

當然也有真的用中藥為主要成分的止咳藥品，像是「龍 X 散」，它的主要成分是：桔梗、遠志、杏仁和甘草。像這種中藥成分的止咳藥品，在實際使用上，對於輕微咳嗽的效果還不錯，但若是那種不管有沒有痰，整天都咳，半夜也在咳的，想要用這類中藥成分來止咳就很困難了，找胸腔科醫師看診才是正確的選項。但光就安全性來說，這類純中藥的成分，還是比這一大瓶西藥粉末安全多了。

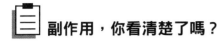# 副作用，你看清楚了嗎？

再仔細看看「Ｘ精」的成分，又讓我不禁對一般人在用藥的安全性上有些擔憂，像是同時使用兩種類似的止咳藥，讓人懷疑在藥效加成效果之外，是否會導致藥物的副作用也相對增加，例如：嗜睡、頭痛、頭暈、噁心、嘔吐、食慾不振……等等？

尤於強力的止咳成分，可能會因為止咳作用而導致痰液無法順利從支氣管排除，因此讓過多的痰液一直卡在支氣管，這樣反而會延長症狀發生時間，甚至引發肺部併發症。所以，Ｘ精對於多痰或是有膿痰的咳嗽，可不是個好處方。

另外一個問題，成分中加了「抗組織胺」，對於因為過敏反應，導致鼻涕倒流刺激的咳嗽是有幫助。但對單純咳嗽患者，可能會因吃了這個成分，造成嗜睡問題，萬一開車前來個幾湯匙想保養一下喉嚨，開到一半就昏昏欲睡，豈不是很糟糕。

而成分中的交感神經興奮劑，雖然可以擴張支氣管，減低咳嗽反應，但是也要小心相對的副作用：心悸、血壓升高、頭痛……等，高血壓患者，尤其老年人，使用上不得不慎。

事實上，咳嗽的成因有很多種，若只看報紙上某些不入流的醫藥專欄，簡單分乾、濕咳，並不是很正確的觀念，臨床上要

確認的部分實在太多了，從咳嗽伴隨呼吸道黏液分泌多寡，就可以先分成是藥物引起的乾咳，或是呼吸感染引發的咳反射，臨床醫師可沒有那麼簡單可以被廣告取代的呀！

又通常若黏膜分泌旺盛，有可能是鼻腔、以及呼吸道過敏，這時又要區分是鼻涕上呼吸道分泌物逆流引起的多痰，或是氣管黏膜方面的問題。

而且咳嗽發生的原因，也不光是呼吸道的問題，也可能是胃酸逆流引起的咳嗽反射。這些反應在咳嗽上的疾病，不一而足，在可觀察的現象上，就可分為：有痰、無痰、胃酸引發的反射、過敏、藥物引起、感染……。

瞧，光是簡單說明，就連我自己都快搞不懂在講什麼了，更何況是一般民眾憑著直覺照著廣告隨便買藥，這樣好嗎？

再說，這些成分真的一定要配溫開水才能生效？事實上，兩者完全沒有關聯性。用一般的涼水，也完全不會影響藥效，只是溫水喝起來舒服而已，然而像這種行銷手法，對於銷售業績，真是出乎意料的有效啊！

所以如果真的發生咳嗽問題，當然還是去門診讓醫師判斷比較妥當，而症狀比較輕微的，也可以到藥局找藥師做簡易的判斷，看情形選擇止咳藥水，或是止咳膠囊，也能解決，至於這種整瓶的「西藥粉」，應該就可以讓它直接 Out 了。

真話

用「諾 X 膠囊」，
保肝、排毒又解毒？

電視廣告是這樣說的：「吸煙、喝酒、不正常飲食，是得癌症的原因之一。荷蘭醫藥級諾 X 膠囊，即時消除腸胃道中的致病毒素，有效降低肝腎負擔，保護五臟六腑。每天清一次，細胞乾淨，健康沒病。」

該藥品電視廣告真的非常成功，在短短幾秒鐘之內塑造了很清晰的印象，但卻可能會造成觀看者的誤解。很多消費者因為廣告的關係，被誤導成諾 X 膠囊有保肝、排毒、解毒功效，其實都是錯誤的觀念，我在藥局裡實在是太常碰到因為上述三種原因進來指定藥購買的客人，所以一定要和大家矯正一下視聽。

📋 降低肝腎負擔＝保肝又排毒？

讓我們先看市面上最著名的諾 X 膠囊，原廠成分說明：

成分：Activated charcoal（活性碳）。

用法：每次一～二粒，一天三次飯前服用。

適應症：吸附干擾胃腸道的細菌性毒素，消化性毒素及其他有機性廢物，解除腸內滯留氣體，及有關症狀。

諾Ｘ膠囊的成分活性碳，本身是一種沒有選擇性的吸附劑，在胃腸道中，只要碰到它能吸附的東西，就一律抓住不放，一直到再也抓不住為止，這就是它的使用原理，這和保肝一點也扯不上關係，也不是諾Ｘ膠囊才有的效果，只要是活性碳，就有這樣的效果。

所以，若是照三餐吃諾Ｘ膠囊，我想最可能發生的就是營養不良，因為很多礦物質都會被吸附掉而無法吸收，又或是因為活性碳吃太多而導致便秘，也是有可能發生。

我們臨床上最常使用活性碳的時機，其實是在急診碰到濫用藥物，或不幸口服藥物中毒的病患，此時會見到護士們拿著一大管的活性碳加生理食鹽水，然後像打幫浦的原理，用鼻胃管抽吸病人的胃部內容物，藉此把還存留在胃部的藥物或毒素洗出來。

所以，廣告中的口述部分沒有問題，活性碳的確能「減少肝腎負擔」，原因在於前面的「消除腸胃道中的致病毒素」。不過要注意，是「腸道內」而不是「體內」。若是「細菌性腹瀉」

或「脹氣」，可能還有使用的意義，只是和「去看醫師」比起來，實在是太貴了，不符合經濟效益啦！

若想要洗胃，更不可能只用那幾顆就夠的。

 保肝，從日常生活做起

要保肝，不二法門就是「多睡覺、少菸酒、營養均衡」，聽起來是老生常談，卻是不變的真理。人體只有一個肝臟，而肝臟是有自癒能力的內臟器官，只要給它足夠的營養和時間，大部分都能恢復健康。

現代人平日可能常熬夜、喝酒，很消耗身體代謝的原料，而且外食機率很高，過度攝取了大量的人工添加物這些化學物，這些化學物多是需要肝臟、腎臟這兩大解毒器官的幫忙來排出體外。

市售的一些保肝片，也許可以在短期內做亡羊補牢的補充改善，但遇到假日時，請一定要大睡一下，讓肝臟也好好休息才可以。所以，不論如何，想要保肝，最重要的還是睡眠。

目前市售的保肝產品，可分為固有中藥成方*、水飛薊、靈芝、樟芝、薑黃、冬蟲夏草、大豆卵磷脂、珍珠草、甘草衍生物、五味子、芝麻素及胺基酸。

其中就只有水飛薊有比較可靠的臨床數據，其他大部分都沒有太特殊的人體實驗數據，最多也只是到動物實驗等級，請千萬不要聽信網路流言，去市場上買「這是我朋友輾轉從特殊管道拿到的牛樟芝」，野生牛樟芝都快絕種了，哪來那麼簡單就可以買得到！

醫院用的，就是水飛薊，有些健保也有給付，70mg 以下是指示藥品，150mg 以上是處方藥品。肝膽腸胃科醫師有時候也會直接處方給病人帶回家，這類處方都是常見內容了。

市售有健康食品字號的，都可以在沒有特殊疾病時當保養品用用，畢竟是「食品」。傳統中藥製劑，雖然含量低安全性高，但還是建議看一下體質的寒熱虛實，因為中藥世界博大精深，不簡單判斷一下，吃錯方向也是不好。

若是平時飲食不均衡，可以加點蜆錠，來增加「必須胺基酸」的攝取，提供肝臟好的養分，讓肝臟細胞自行修復，這倒是很建議的選項之一了。

當然，最重要的觀念是，不管是保肝產品是天然萃取，又或是合成的維他命，過量攝取都是毒。

＊固有中藥成方：「固有成方製劑管理辦法」（行政院衛生署於中華民國 62 年 4 月 11 日公布）第 5 條：「固有成方」係指我國固有醫療習慣使用，具有療效之中藥處方，並經中央衛生主管機關選定公布而言。依固有成方調製（劑）成之丸、散、膏、丹稱為固有成方製劑。」例如：補中益氣湯、葛根湯……等。

還是要再強調一下，病毒性肝炎絕對是以「遵從醫師治療療程」為主，因為是病毒感染，目前治療方式還是用抗病毒的方式才有最大的好處，所謂保肝產品都是附加選擇而已，因為所有成分吃進體內，還是需要經過肝臟代謝才有好處出現，所以，在食用這類保健品前，還是要先諮詢過自己的肝膽腸胃科醫師。

　　一定要記得，一般肝炎，只要肝臟還沒有纖維化，都還是有恢復的可能性，保持充足睡眠、調整生活作息和飲食習慣，這些絕對都有幫助。

　　叮嚀那麼多，還是不知道怎麼選擇保肝的東西？那就和我一樣，每天上班前來一顆 B 群，也不無小補囉！

拜現代網路的發達，所有資訊都是隨時流通，資訊爆炸的時代，很多錯誤觀念或只是流言，卻會被一傳十，十傳百，到最後似乎是那麼的煞有其事。

　　尤其是「網路推文」，現在很多廠商都會採用「免費試用」的方式，請素人部落客用過後，寫篇讚美文即可，我想，這招大家都不陌生了。其中尤其以保養品、化妝品更是大宗，當然被踢爆作假的部落格也大有其人，「有錢能使鬼推磨」，藝人代言，或是天花亂墜的廣告內容，都是一樣的道理，只要有人真的相信買單，廠商也就回本了。

　　來吧！用接下來幾篇簡單的例子，當作教大家「不再受廣告左右」的第一堂課。

PART 7

流行保健
不告訴你的真心話

真話 42

「天然、溫和」、「我們產品沒有經過動物實驗」是真的嗎？

在某知名郵購商品的目錄上，封底明顯打著幾個字：「天然、溫和」是 XXX 研發產品一向的使命；「完全不經過動物實驗」，更是 XXX 永遠的保證！

當我在便利商店裡看到這幾個字時，還真的當場笑了出來，連店員都瞧了我幾眼。

或許一般人看過去就直接吸收了字面意思，以為該廠商的產品就是「天然、溫和」、「完全不經過動物實驗」，讓人產生買這產品更是符合人道環保精神，走在世界潮流的尖端……等等的想法。

完全不是這一回事喔！

📋 不要迷信「天然」兩個字

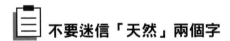

天然，不是代表「無毒」，也不是代表「安全」！

舉個例子，樟腦。

樟腦夠天然了吧，所有市場裡面都有在賣，聽說以前小時候阿嬤都會拿樟腦油來防蚊，所以現在還拿擦樟腦油來驅蚊？

拜託，千萬不要喔！

「樟腦油中毒」可能產生全身抽搐及呼吸抑制的症狀，嚴重可能死亡。中毒所需的量為多少呢？一般成人的中毒劑量約為 mg/kg 斤以上，換句話說，體重 75 公斤的成人只要吃下 2.6 公克就可能會出現中毒症狀，若是常見的 20% 樟腦油，也只需要 10c.c.。

暴露量大於 50mg/kg 的人，幾乎一定會產生中毒症狀，根據文獻記載，曾有嬰幼兒只是誤食 1 公克就死亡了。

所以，誰說天然的最好？

天然的，不一定最好，有時一樣會要命的。

即使標榜天然，還是要謹慎，因為「天然」這兩個字，通常只是銷售上的話術。

再打個比方，「長效天然 C」這名詞，標榜天然，但是……樹上沒有，土裡沒有，海中更沒有那一顆黃黃的東西等著我們去吃，所以，那實際上也是「人工合成」的。

這樣，懂「天然」的定義了嗎？

又例如「純正手工海鹽」，標榜海邊現撈現做，保證純天然

無添加物，又含有豐富礦物質，但請仔細想想現在的海水污染問題，若沒有如台鹽一般先行過濾純化，那整鍋純正手工海鹽只代表了「滿滿一鍋污染物」而已，飽含各類重金屬、化學物，說不定還有很多塑膠微粒在其中呢！

真正「天然」，真正對身體好的，就是市場看得到的那些食材，且飲食內容要正確，絕對不是在便利商店或是賣場看到，已經做成一瓶一瓶在賣的東西。

請記得，只要和原來生長的樣子不同的，那就是「人工」。

說清楚講明白：是部分天然還是全部天然

想當然爾，不會有任何一家廠商會發展出「保證人工、絕對刺激」的產品，若真是如此，絕對不會有人買帳的。而且，即使是標榜天然，但變成產品以後，也都已經過人工合成的步驟，根本不能說是天然的東西，頂多是「來源有部分是天然的」吧！

想想，樹上總不會真的長出一顆顆「天然蔬果精華萃取」的保養品讓你摘吧！

例如，廠商有一個產品叫「天然貝鈣」，市面上也很多如此標榜的產品，但其實只有鈣的來源是天然的貝殼，其中還添加了酪蛋白磷酸胜肽和維他命 D3 這些添加物，當然廠商還會標榜

「這些可幫助鈣質吸收，所以效果更好喔！」，事實如此，但這和「天然」就沒有關係囉！

另外還有很多沒寫出來的「賦形劑」，也就是為了增加體積或固定形狀等用途，而添加的無效用成分，就像曾經出包的起雲劑，本來是合法的食品添加物，加在飲料、果醬等食品中，可使內容物看起來濃稠，讓我們有「用料豐富」的感覺。

但像這種只是為了美觀而添加，和內容物完全沒有關係的東西，對應在藥品，就是所謂的賦形劑，包括溶媒、防腐劑、著色劑、介面活性劑、崩散劑、粘著劑、緩衝劑、矯味劑、抗氧化劑……等，目的是使藥品維持安定度，以及讓色澤或口味較佳，但這些和天然還是一點關係都沒有。

假若照該產品的「天然」定義，那「泡麵也是天然的」這種論點絕對沒有問題，因為麵本身是小麥製成，不過是經過油炸和添加調味料而已；便利商店販售的各種「果汁」也一定是天然的，也不過是多加了水、色素、調味料和保存劑，如果再更利益導向一點，就加點塑化劑再把成本壓低，發了發了呀！

大家其實都很清楚，只有「現擀的麵」是天然的，只有「現榨的果汁」才是天然的，其他經過多餘的人工步驟之後的產品，像是加工過後的麵和稀釋過後的果汁，也可稱為「100% 手打麵還原」、「100% 天然濃縮果汁還原」，但這都和所謂的天

然差距甚遠。

所以，只要是樹上沒有的、田裡沒有的、海裡沒有的、天上沒有的，卻只有「廠商有的」，那就和天然兩字沒有什麼關係。

講那麼多還不懂？

「天然葡萄糖胺錠」，樹上沒有？田裡沒有？海裡沒有？天上沒有？——那就是人工的產品。

「天然 C 綜合營養片」，樹上沒有？田裡沒有？海裡沒有？天上沒有？——也是人工的。

「天然」兩個字對於產品來說，通常不是名詞，也不是形容詞，介係詞也怪怪，總覺得應該只是語助詞，和「啊」一樣感覺而已。

 ## 「沒有經過動物實驗」變成賣點太荒謬

「沒有經過動物實驗」這句話變成行銷工具，其實也是網路推波助瀾下的產物。

自從國內的一些美妝知名部落客，開始撰寫「拒用經過動物實驗的美妝品」的文章後，這句話就好比經過環保人士加持，成為走在時尚流行尖端的行銷術語，以至於許多跨美妝和保養品的品牌，也把這個訴求從擦在臉上的化妝品，延伸到吃到肚

裡的保養品，反正，一樣有人看到網路 PO 文就喊燒。

要釐清一件事，真正會去做動物實驗的，其實只有「藥品」，還有少部分標榜療效的健康食品，至於一般市面上大部分的商品，本來就沒有，也不需要經過動物實驗。

為什不用經過動物實驗呢？幾個原因：

1. **法規沒有規定**：只要不標榜療效，就不用做動物實驗。
2. **省錢**：這理由想必不用再多加說明。
3. **沒有需要「確（定）效（用）」的必要性**：因為不是藥品，所以不需要「確實療效」。

簡單說，「完全不經過動物實驗」，也就是「是否有效果也不知道」的意思。

最常見的例子，就是「食品和藥品」的差別。

藥品是「有效果的」，而為了要確定有效，一定要經過動物實驗來初步確定結果，然後進一步經過更嚴格的人體實驗，如此才能通過申請或達到認證標準。

食品和一般美妝品，是不需要動物實驗的，甚至有些標準是不用經過產品審核及查察，只要產品做好後，通報有關單位一聲就可以開賣。

當然，實際上真的有少部分化妝品廠商會做動物實驗，用來測試安全性及刺激性，這是一種謹慎且負責的態度，但歐盟已

經於 2013 年開始全面禁止進口及販售經動物實驗的化妝品和原料，台灣也在 2016 年底正式通過《化粧品衛生管理條例》修正案，法案預計於 2019 年正式上路，未來台灣的化妝品業者，將「不得」再對化妝品之成品及原料進行動物實驗。

所以，即使標榜「沒有經過動物實驗」，也沒有特殊意義，只是說明了該產品「不是藥品，沒有確定效果」而已，市面上九成的產品都沒有經過動物實驗（只是食品等級或是藥用化妝品等級），若是連帶想說「該廠商很有道德良心，因為不會去做動物實驗」，那可差遠了，完全沒有直接關係，連法規都不允許了呀！

說真的，廠商有良心和產品品質有關係嗎？看那食用油問題就知道，負責人都抓進去關了呀！

我當然希望小動物不要因為不必要的動物實驗而受苦，但是原本就可以不用動物實驗的產品，廠商還利用消費者的無知拿來當促銷賣點，要真的這樣不明不白被騙了，也只能怨自己是腦殘的鄉民了。

 ## 「送 SGS 檢驗過」的意義？

很多廠商都會把「SGS 檢驗報告」放在自己的產品網頁上，

以此來取信消費者。但，「SGS 檢驗報告」就能代表「販售的商品品質」嗎？

答案是否定的喔！

的確，SGS 是檢驗界的第一把交椅，出來的結果都有公信力，但就像那把折凳，普通人就真的是拿來坐著舒服，但對於會使用的人來說，那可是藏於民居之中，隨手可得，還可以坐著它掩藏殺機，就算被警察抓也告不了，真不愧為七種武器之首，端看「被誰如何運用」罷了。

我們來看看 SGS 檢驗報告單上面的備註，就能知道一些端倪：

> 備註：
> 1. 測試報告僅就委託者之委託事項提供測試結果，不對產品合法性做判斷。
> 2. 本報告不得分離或摘錄使用。
> 3. 若該測試項目屬於定量分析則以「定量極限」表示；若該測試項目屬於定性分析則以「偵測極限」表示。
> 4. 低於定量極限／偵測極限之測定值以"未檢出"或"陰性"表示。

每張 SGS 檢驗報告都會在最下方註明這一行：**測試報告僅就委託者之委託事項提供測試結果，不對產品合法性做判斷。**

很多人一定還是不懂其中意思，個人的理解就是：**這個檢驗報告只對業者提供的「樣品」做測試，且針對業者「有付錢的那幾**

項內容」檢測，沒付錢的，不測，SGS 也不可能知道樣品和業者正在販售的商品是不是一樣，或是有沒有違法問題。

這樣懂意思了？

基本上，「檢測」這個動作，並不適合拿來廣告宣傳，因為最主要的目的，是讓廠商和消費者知道產品內容是否有合於規定，評斷標準用的。

盲點在於，檢測對象只有針對「送檢樣品」，不是每一批產品，也不是每一瓶產品，更不是送到消費者手上的那一個，真的只有「送檢樣品」的結果而已，而「送檢樣品」根本不能直接代表全部產品。

換句話說，若情形是：有間廠商 A，自己的產品品質很差，但拿績優廠商 B 的超優質產品當樣品去驗，SGS 不會知道這細節，但檢驗結果很完美，廠商 A 就拿著這張檢驗報告打廣告說「我們經過 SGS 檢驗合格」，然後上網賣自己所出產品質不佳的商品。（除非有消費者拿去驗，才有辦法知道落差。）

或是：廠商 A 真的拿自己的產品去驗，SGS 的檢驗報告也很完美，但拿到檢驗報告後，廠商 A 就改配方，或是拿退貨，又或是拿過效期的產品重新包裝販售。（除非有消費者拿去驗，才有辦法知道落差。）

又或是：廠商 A 直接拿別人的產品檢驗報告，廣告說是自己

的，反正放上網頁也看不清楚。（除非有消費者拿去驗，才有辦法知道落差。）

也可能是：廠商 A 一半照規定標準生產，另一半偷料做，但只拿照規定標準生產的產品去驗，且只驗那麼一次，就把 SGS 報告放上廣告用十年。（除非有消費者拿去驗，才有辦法知道落差。）

諸如這些情形，消費者絕對不可能知道，也搞不清楚「檢驗」的意思，但我們專業的藥師可清楚得很，畢竟「藥物分析學」這門課程可是紮紮實實地在藥學知識的養成中呢！

仔細看上面各種情形，都有一個括號附註在最後面，是的，這個括號裡面寫的（除非有消費者拿去驗，才有辦法知道落差），才是真正「檢驗」需要的地方——給消費者去檢驗廠商的品質及誠信。

對於廠商，「檢驗」這個動作，應該是「對自己產品的品管過程」而已，絕對不是拿來宣傳廣告用，甚至拉 SGS 來幫忙證明品質，人家可是在每一張檢驗報告中就說清楚了——不背書。

朋友們，懂了嗎？

有 SGS 檢驗，並不是「SGS 認證」，花點錢就有的東西，反正我下一批又不會拿去驗，料偷一下就回本，發了呀！

就說，寧願相信有鬼，也不要相信商人那張嘴。還記得 2014

年的「強冠餿水油事件」嗎？人家強冠可是有拿到 GMP、SGS
與 ISO 三大「認證」，威得很喔！

真話

補充酵素，澈底解決肥胖問題？
當然不可能

　　電視購物廣告上，常常見到這樣的標題「補充酵素，澈底解決肥胖問題」，但真有這麼好康的事？

　　首先，我們來看看電視上的實驗：

　　常見到主持人拿出幾小盆的肥油塊，和特別來賓分別拿著各家不同的「酵素」產品往裡面倒，只見攪拌後，主持人面前的肥油塊漸漸變成液體狀，接著就宣稱：「我們的超濃縮酵素果然是最好的」、「你看，只要補充酵素，你體內的油脂也會像我眼前的這些一樣，變成液體排出體外喔」。

　　真是這樣嗎？相信任何一個有健康常識，起碼讀過《十萬個為什麼》的小朋友，都不應該笨到會相信這種鬼扯的廣告。

　　試想，假如這類「臉盆裡的體外實驗」結果可以完全對照到「血管或脂肪塊裡的體內實驗」，那在我們吃進這所謂「超濃縮酵素」的一剎那，就會產生很多的問題。

　　因為人的各種器官組織都富含油脂，細胞表面也是有油脂層，

假如酵素真能把油脂從細胞抽出，那瞬間接觸到超濃縮酵素的器官組織，從口腔到胃部的全部細胞，將會萎縮而排出油脂，整個消化道的組織都會因此而破壞，當超濃縮酵素吸收到體內而全身循環之後，所有細胞會因為油脂層的破壞而全面崩潰，各器官間的油脂也會消失，我想到時候人將會只剩一坨蛋白質、糖分和骨頭的渣渣吧！

說到這裡，我似乎看到了心目中的偶像——韋小寶的「化屍粉」基本款。原來超濃縮酵素是這樣一款不得了得東西，真是居家旅行、殺人滅口的必備良藥。可是瑞凡，這樣和減肥已經沒關係了呀！

體內脂肪的儲存，都是以三酸甘油酯的形態存在脂肪球裡面，當人體有需求能量時，脂肪酶會幫助分解成游離脂肪酸和甘油，從脂肪球裡面移出到血管中，然後才進行能量的轉換代謝途徑。

假若以廠商宣稱吃酵素的神效，達到促進脂肪從體內脂肪球釋放出來，那瞬間血管中將充滿高濃度的三酸甘油酯，而這似乎是所謂的「高脂血症（血油太多了）」，接下來酵素要怎麼把油脂排出體外呢，沒有一家業者能解釋清楚。

所以，廣告全部是在混淆視聽，脂肪的代謝沒有那麼簡單，體內酵素也不是效果那麼單純的東西。減肥是必須要有恆心和毅力，藉由飲食控制和運動，或者加上輔助食品亦或藥品，這

樣才是有意義且健康正確的觀念。

真要靠酵素？還是算了吧！

對了，廠商賣的那個「酵素」，其實也不是真的「酵素」，這又是另外一堂課了，有興趣可以上網搜尋關鍵字「酵素生化」，台大莊榮輝老師說的不會錯，很好玩的。

內含 EGF 成分的面膜，
對皮膚真正好？

　　隔壁念大學的美眉跑來問我，網路上很紅的，含 EGF 成分的面膜到底是不是真的好用，她說如果我確認好用，她就要上網去團購。

　　我真的佛心來的，社區藥師做免費諮詢也就算了，還不來光顧我的生意跑去上網買，要不是看在她越來越標緻的份上……啊，是好鄰居兩代世交的份上，我才懶得理她。

　　廣告是這樣說的：「1962 年義大利科學家 Mantalcini 和美國博士 Cohen 在實驗中發現 Epidermal Growth Factor（簡稱 EGF），並因而獲得 1986 年諾貝爾生理醫學獎，並證實這種活性蛋白具有免疫和自我調節的能力，能加速表皮組織的新陳代謝，更生已枯死及受損的細胞。生活中若不慎弄傷指頭，傷口會漸漸癒合，長出新皮膚，這是因為 EGF 產生了自我修補的作用。」

　　先查諾貝爾獎官方網站，1986 年諾貝爾獎是頒給 Stanley

Cohen 和 Rita Levi-Montalcini 兩人沒錯。問題是，不是像網路中文所言只是「發現 EGF」，而是「第一個發現 GF 和純化 GF」這件事情，而 GF 包含有 NGF 和 EGF，發現 EGF 的人是 Stanley Cohen。

所以 EGF 和諾貝爾獎的關係，是因為「發現了生長因子」，並不是針對 EGF 這種東西給獎，很多廣告就是利用這些微的誤導，和似是而非的觀念來吸引消費者購買。

據網路資料表示，目前 0.1mg 的純 EGF，市場行情至少要 100 美金，大多用在表皮燒燙傷的病患身上。我對網路態度一向是不敢盡信，打電話去問整形外科的醫師好友，他說沒用過，但聽說的確很貴！

先講一下基本概念，皮膚的構成大致上分為三大部分。

- **表皮**：是指用肉眼即可看見的部分。平均厚度僅 0.2mm，卻是保護皮膚的重要角色。一般物質很難穿透過去。
- **真皮**：主要控制皮膚的收縮及彈力。是明顯細紋出現與否的關鍵部分。
- **皮下組織**：由皮下脂肪及毛細血管構成，是皮膚的基礎部分。

因為 EGF 分子量很大，外用塗抹在無外傷的病患意義不大，因為太大的分子，會自然被角質層阻隔在外面。簡單說，正常

皮膚根本無法吸收那麼大分子量的東西。

更何況如果真如業者宣稱，含有 2%EGF 成分，我們可以試著換算一下，假設一張面膜裡有 10ml 的精華液，所添加的總濃度是 2% 的話就是 0.2ml 的 EGF。如果不管密度等問題，直接等值的換算成重量，就是 0.2 公克，也就是 200 mg，又若 0.2 mgEGF 只要 100 元美金就好，200 mg 的話是 20 萬美金，大概是 600 萬台幣。

一張面膜也才賣多少錢？我想，沒一家廠商是笨蛋吧！

可以上網隨便估狗一下，一堆代工廠在賣 EGF 原液，1 公斤 6,800 元，那麼便宜也不知道是真是假，膠囊代工價一顆 0.3 元，廠商稀釋倍數我不知道，但網路上有看到稀釋五十倍的，6,800 元的 EGF 原液可以做五萬顆膠囊，成本多少都可以算得出來，看得我下巴都快掉下來了。

回到 EGF 成分本身，在燒燙傷病人這類有開放傷口的對象來說，可能是有效的，但一般人若想藉由 EGF 來恢復青春，應該是不可能，表皮雖然只有薄薄一層，但是表皮再薄，EGF 也穿不過去，因為這已經是細胞層級的東西，而 EGF 分子沒那麼小！

想要美美的，最簡單就是保持生活作息正常，少油炸刺激食物，多喝水，多睡一點，白天擦點防曬，這些才是最重要的。

要吃心安的，找我買瓶維他命 C，讓我賺一點，也就是了。

洗髮精能治禿頭？
有可能嗎？

　　總有朋友問這問題：「藥師，我要那個可以 XXX 可以治禿頭的洗髮精。你有賣嗎？」

　　從以前就聽說很多人拿避孕藥磨碎往頭上塗，希望能減少落髮並增加髮量，因為雄性禿大多是因為男性荷爾蒙的原因。但從來沒聽說過有人因此而頭髮再生、滿頭茂密。

　　別傻了，荷爾蒙的代謝，不是那麼簡單塗塗抹抹，就能發生作用，雄性禿也不是把女性荷爾蒙提高、男性荷爾蒙降低就能解決問題。健保在臨床上有一種藥用凝膠，成分就是很單純的雌激素（Estradiol），若照使用上的邏輯，這種高濃度藥品應該比含量低的洗髮精更有效才是。

　　查了一下資料，該凝膠的適應症是：「因停經引起之血管異常、因卵巢分泌障礙所致之萎縮（如陰道萎縮、女陰乾皺、女性生殖腺功能不足、卵巢切除患者、原發性卵巢功能障礙）。」沒看到和落髮有關。所有外用的雌激素，主要還是對應「女性

的更年期症候群」。

從雄性禿的治療上來看，雌激素是一種比 Finasteride（口服柔 X 成分）更為弱效的 5 α -reductase 抑制劑，成分雖能夠競爭性的拮抗「睪固酮」生成「二氫睪固酮」的生理反應，但真講療效，連 Finasteride（口服柔 X 成分）那麼強的都不一定有效了，用更弱效雌激素，如洗髮精那樣低濃度的雌激素＊，效果更令人質疑。

所有的外用藥品，都會有所謂的「作用時間」。因為皮膚有一層角質層，很難讓外界物品直接進入人體，是人體最完美的隔離層。就如在臉上塗抹膠原蛋白，塗再厚對於皮下的膠原蛋白還是完全沒有補充效果，就是因為膠原蛋白這種大分子，過不了角質層這一關。

落髮問題或是雄性禿問題，根源在於「毛囊細胞」，毛囊細胞位於真皮層，離角質層很遠很遠，所有成分要藉由外用塗抹而達到皮下，除了分子不能太大，最重要就是要給它們「時間」好「滲透」進去。最有名的「落 X」外用溶劑或凝膠，都是擦了之後不洗掉，讓它們慢慢滲透進去，達到外用藥品的目的。

大家想想洗頭髮的程序，女生可能需要 10 分鐘，男生說不定只要 30 秒，然後就統統沖掉，怎麼能夠有足夠的時間，讓有效

＊ 號稱可以治禿頭的洗髮精當中，內含約 0.001% 的雌激素 Estradiol。

成分滲透到毛囊裡？

在 2016 年 7 月以前，食藥署核准雌激素含藥化妝品基準，使用於化妝品的濃度，頭部黏膜部限量 1,000 毫克中含 200 國際單位以下，其實遠低於要產生療效所需濃度，因此雖然雌激素是婦產科醫師臨床處方藥，但超低濃度的外用雌激素，2016 年 7 月以前可被准許添加在化妝品中，變成「含藥化妝品」，也包括這種號稱可以治禿頭的洗髮精。

仔細精算成分，會發現擠出來的這一坨洗髮精，裡面含的雌激素 Estradiol 總量居然沒有一顆避孕藥多！以前高中時我一次磨好幾顆塗頭上都沒效了，這一丁點成分能有什麼用？類似的洗髮精有好幾家，而在 2016 年 7 月後，法規已經禁止添加使用及販售含雌激素洗髮精，因此在台灣統統已經禁止販售了。

另外還有知名的「落 X 洗髮精」和藥用的「落 X 養髮液」，兩者內容完全不同，該洗髮精廣告也沒說有任何效果，但民眾多會自行聯想廠商所宣稱「減少掉髮」，期待這類的產品會有療效，也千萬要注意。

簡單來說，如果你是又菸又酒，飲食不正常，作息日夜顛倒，又或者是和我阿祖阿公老爸一樣有遺傳性禿頭，請別花冤枉錢在沒效的產品上，該禿就是會禿啦！

至少，我念藥學系後就放棄了。囧 rz

46 真話

偏激不健康的減肥法

（生酮飲食的錯誤觀念 1）

　　曾幾何時，以往在醫學中心才聽說的「生酮飲食」，出現在一個滿滿錯誤內容的網路視頻中，在網路上流傳造成了大大轟動，加上各式生酮書籍的推波助瀾，各式生酮社團孕育而生。

　　但在我這個略有資歷的藥師眼裡，只看到商人們奸淫的笑容，沒看到太多正確的觀念。

　　接下來，我們就來好好聊聊網路上這些生酮亂象吧！

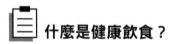 **什麼是健康飲食？**

　　生酮飲食之前，一定要先了解「健康的飲食」是什麼？

　　根據《哈佛健康雜誌》（Harvard Health Publications），健康飲食中，蔬菜和水果應占餐盤的 1/2，全穀食物應占餐盤的 1/4，蛋白質應占餐盤的 1/4，健康的植物油適量使用，不喝含糖飲料，有限飲用牛奶和乳製品（每天一～兩份）和果汁（每

天一小杯）。如果喝咖啡或茶，加少量或不加糖。飲食中碳水化合物的類型比含量更重要，因為碳水化合物的某些來源，如蔬菜（馬鈴薯除外）、水果、全穀類和豆類，比其他來源更健康，且不選擇精緻澱粉。

食藥署的飲食建議，基本上照著美國的「2015 ～ 2020 年飲食指南」，重點在於：

1. 健康飲食應限制添加糖的攝取不超過每日總熱量的 10%。
2. 健康飲食應限制飽和脂肪的攝取不超過每日總熱量的 10%，少吃奶油、肥肉及速食食物等飽和脂肪含量較高的食物，並建議以不飽和脂肪含量高的植物油及堅果類作為油脂的主要來源。
3. 健康飲食應限制成人及 14 歲以上的兒童每天鈉攝取量不超過 2300 毫克，而小於十四歲的兒童則應攝取更少。
4. 建議多吃蔬菜、水果及全穀類取代零食甜點及精製白米，可增加營養素及膳食纖維的攝取，並鼓勵以飽和脂肪含量較低的魚類及豆類作為蛋白質食物的主要來源，以減少脂肪與總熱量的攝取。

是的，所有飲食來源必須「均衡且豐富」，這才是一般推薦的「健康的飲食」。

📋 什麼是「生酮飲食（Ketogenic Diet）」？

　　廣義來說，生酮飲食（Ketogenic Diet）是和一般飲食建議完全相反的「高脂肪、適量蛋白質和低碳水化合物」的飲食內容。

　　一般來說，可能是脂肪攝取量從建議的 15% 升高到 75%，而碳水化合物由 65% 減到 5%，就是少於 20 克。藉由飲食的調整，讓體內的醣分減少，進而由脂肪分解成酮體來代替葡萄糖這個能量角色。

　　這時該選取的脂肪，應該是優質脂肪，而不是豬皮、炸雞皮這類不好的脂肪，這也是最多人誤解生酮飲食的地方，更不是脂肪吃到飽的飲食內容。

　　因為已經是很偏激的飲食方式，為了真正健康，必須要去計算整天熱量的總攝取量，評估營養內容，且還必須大量攝取（幾乎沒有熱量的）深綠色蔬菜，如此可以提供飽足感和適量纖維，避免便秘，也攝取部分維他命和礦物質，必要情況下，可能還是必須額外補充維他命礦物質，才不會讓身體出問題。

　　基於以上這些問題，其實在自己執行生酮飲食前，最好是問過專業的新陳代謝科醫師和營養師，由他們教導及監控，才是最放心的。

生酮飲食初期，身體可能會產生「脫水」現象，所以有些人一開始看到體重計上面數字減少，以為真產生減肥效果就開心高潮了，其實都只是身體脫水的誤會。後續效應，可能會頭痛、頭暈，低血糖，也容易因為纖維不足及脫水，導致便秘。

請記得，水分的補充，在這種飲食方式中是很重要的，還有，為了安全，老人，小孩，孕婦，糖尿病患，洗腎病患及一些特殊疾病患者，並不建議使用。

什麼是「醫療上」的「生酮飲食」？

在 2013 年的台大醫院健康電子報中，就有刊載「……如果藥物治療的效果不好，服用了各類的藥物之後癲癇仍然發作不斷，這時便可以考慮生酮飲食療法。目前有各式各樣的生酮飲食療法可供選擇……」

另外，在長庚醫院國際醫療中心網頁，林光麟醫師也有發表過「生酮優油飲食——吃好了癲癇」的相關文章「……關於頑型癲癇的治療，如果使用兩種或兩種以上抗癲癇藥物還無法控制，我們可以選擇外科手術或生酮飲食來治療。……」

是的，諸如這些報導內容，在嚴格的標準下，生酮飲食的臨床應用在於治療癲癇，尤其是在兒童的案例上。換句話說，其

他諸如減肥、治療糖尿病，甚至誇口「生酮飲食治百病」，是不可能的。

在高雄長庚醫院兒童神經內科網頁有更多的生酮飲食介紹，其中重點在於「……執行生酮飲食前需注意篩檢排除禁忌症，包括：肉鹼缺乏症、紫質症、脂肪酸氧化缺陷、丙酮酸羧化酶缺乏症等患者。……」且「……營養師會先評估兒童平日的飲食型態，並經過和醫療團隊與病童家屬共同討論，來選擇合適的生酮飲食種類，另外需要按照醫囑補充綜合維他命與鈣片。……」

醫療上的生酮飲食需要一整個醫療團隊介入，而不是素人說說，書本買來看看，大家就照著做，那些根本不是生酮飲食，只是「錯誤的飲食」。

至於癲癇以外的部分，例如糖尿病、脂肪肝、各種慢性病……等等呢？

因為臨床研究不足，根本不能直接拿出來討論，也不能拿來適用全部族群，這就是科學精神，就是真正的臨床醫學，看的都是證據，醫學和邪教的差別，在於醫學可以隨著研究越來越多，不斷被討論，不斷被修正，在在都是往「好」的方向前進，而邪教就只是「它說了算」，集體感恩、讚嘆、捐錢而已。

所以，網路上影片說生酮飲食就是「不要吃澱粉，肉可以吃

到飽」那麼簡單？

絕對不是這樣的。

在網路社群裡一直詆毀西醫，說西醫都是在賺人家錢，只有自己的生酮社團是宇宙唯一真理，加入且聽他的才能取得身心靈的平衡，然後鼓吹上特定網站買保健食品抽回扣，逢年過節順便賣一堆即期罐頭？

都錯了，那只是在害人！

早餐就喝防彈咖啡？
（生酮飲食的錯誤觀念2）

　　網路上有一派的生酮飲食很是推崇防彈咖啡，說每天早餐只要喝防彈咖啡，就會瘦。

　　但防彈咖啡到底是什麼呢？

　　根據新聞報導，防彈咖啡是矽谷工程師戴夫亞斯普雷（Dave Asprey），以西藏居民飲用的酥油茶為本，研發出的能量供給飲品，因為喝了彷彿有有刀槍不入的效果，而取名防彈咖啡，喝起來像拿鐵，但略為油膩。

　　主要配方是是一大匙（15ml）奶油、一大匙（15ml）椰子油，加入一杯240c.c.的黑咖啡之中，整體來說，含有約 30ml 的油脂，熱量 270 大卡，咖啡因 100mg。

　　簡單說，就是有位電腦工程師自己想出來了一種飲品，然後商品化賺錢，就是這樣而已。

　　在營養學的角度，它提供了總量可能超過一天建議攝取量的飽和脂肪，但目前也沒有任何臨床研究把防彈咖啡和減重相連

結，任何預期的好處（減重），都可能只是因為減少了早餐的熱量攝取。（一般早餐約 500 大卡。）

關於改善注意力的宣稱，其實有更多研究表明「咖啡因」與心理以及身體的表現之間存在正向關連。增加認知功能，改善記憶力和提高警覺性，都只是咖啡因的好處。在身體上，咖啡因也可以提高肌肉的耐力，這些好處可以從喝任何咖啡（或其他含咖啡因的飲料）獲得。

防彈咖啡就和所有咖啡因飲料一樣，它會讓人早上清醒點，並保持警覺，也和所有低熱量的代餐一樣，短期間內可能讓人減輕幾公斤，但早餐若只有它，至少有三個問題：

1. 沒有營養。
2. 飽和脂肪太多。
3. 可能導致血脂肪問題。

早餐，還是吃點真正的東西吧！

📋 正確早餐：高纖全穀、低脂肪、高蛋白。

在行政院食藥署國民健康局的健康九九網站＊上，就有教大家「早餐是一天活力的來源，不但一定要吃，還要吃得健康，高纖全穀、低脂肪、高蛋白為最佳的早餐組合」，防彈咖啡沒

有符合任何一項。

　　網頁上有很豐富資訊，建議朋友們一定要去看一看，基本上，若把生酮飲食和減肥兩者劃上等號，就是錯誤的觀念。

　　記得，早餐一定要吃得好，「一日之計在於晨」呀！

＊健康九九
　http://health99.hpa.gov.tw/TXT/PreciousLifeZone/
　print.aspx?TopIcNo=669&DS=1-life

健康九九

一定要補充鎂油、含碘鹽和吃天貝？

（生酮飲食的錯誤觀念 3）

鎂油擦的比吃的好吸收？

某些生酮社團，會不斷強調「鎂」這個礦物質的重要性，說若是缺鎂，會抽筋，若鎂補得好，也容易減肥減重，且那些社團都強調──擦的比吃的吸收更好。

看在一個藥師眼裡，這怎麼可能呢？

鎂油，其實不是「油」，實質上是「氯化鎂水溶液」，只是質感油油的，所以網路上不懂的素人就稱之為鎂油了。

一般網路上的作法，就是教民眾去化工行買氯化鎂，化學式 $MgCl_2$，實際上通常會以 $MgCl_2 \cdot 6H_2O$ 的水合型態販售。假如原料是從大陸那邊過來，包裝上會寫「鹵片」，是指一樣的東西。

其實，氯化鎂也有「食品等級」的，它可以是一種「食品添加物」，屬於食品添加物第七類，實際上用在「品質改良用、

釀造用及食品製造用劑」，也可使用於「營養添加劑」。

另外，氯化鎂還有一個名詞——鹽滷，是的，就是那製作豆腐過程中需要的凝固劑成分之一，在大漢豆腐的成分表裡就有了。

所以，氯化鎂很稀奇嗎？

到處都有啦！

 ## 不太可能「經皮吸收」

很多網路生酮達人教網友「把氯化鎂的水溶液往皮膚噴，等30分鐘讓它吸收」就好，這就像「吃魚頭可以補甲狀腺」一樣，都是匪夷所思的說法。

在藥劑學及藥物動力學上，「經皮吸收」是一門很大的學問，其中牽涉的因素，有「化學物本身物理性質如水溶性油溶性，溶解度，分子量」，也有「基劑的特性如 PH 值，油水溶性」，又或者「助滲透劑」的添加與否，不是三言兩語就能說得完的變因，還要記得——表皮上的角質層是人體最好的隔離層。

換句話說，一個成分若要經由皮膚吸收，最好是分子量越小越好；親脂性才更好吸收；有「載體」的幫忙更簡單能穿過角質層……等等，講起來落落長又非常專業，總之，不可能隨便

把一個水溶液往身上噴，就能簡單地通過角質層然後吸收進去皮下血管，進而進入全身血液循環並讓身體利用。

只要是有點醫藥概念的人，一定都能理解上面這個「小」道理。

又例如某電視廣告標榜「用擦的葡萄糖胺」，放心，肯定沒用，葡萄糖胺分子太大，根本無法經由那層薄薄的皮就吸收進去讓膝蓋利用。

簡單說，會如此教人把水溶液往身上噴就希望有全身好處的，一是完全不懂醫藥的人，二是騙子，只能猜想到這兩個可能了，總之，往身上噴是沒用的。

 ## 海洋是所有生物的母親

其實，假如氯化鎂水溶液往身上噴就可以補充鎂元素，占地球 70% 表面積的海洋，才應該是那些網路生酮達人該提的，因為海水中的成分，就是直接一張化學元素週期表，尤其有十一種（氯、鈉、鎂、硫、鈣、鉀、溴、鍶、硼、碳、氟）元素更占了海水溶解物質總量的 99.8%。

所以，那些在海水浴場玩的人，當天的營養元素應該都是補飽補滿，連水都不用喝了，光泡在海水裡面，皮膚就吸飽了呀！

想當然爾，以上不可能發生，那就真懷疑那些網路生酮達人推這鎂油，到底是出於好心，還是只是想賺錢？

大家用理性想想吧！身體真的不舒服，健保那麼便宜方便，快找醫師看診去，絕對不是上網找那些自稱的達人，然後私下開 LINE 群組然後開課演講說是提供諮詢，一節課 1 小時 1,000 元，15 人才開課，騙得還真心安理得呀！

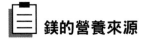

鎂的營養來源

鎂，是體內最豐富的金屬礦物質第四名，60% 在骨頭，25% 在肌肉，其餘則在血液體液中。鎂在地球的地殼中是排名第八豐富的元素，一般建議能夠攝取鎂的食物有：核果、豆類、全穀類、海產及綠葉蔬菜。也有研究指出，在飲食中攝取鎂的多寡可能與中風危險因子（如高血壓、代謝症候群和第 2 型糖尿病等）成反比，所以，請多吃這些天然食材，比擦鎂油更有意義。

神奇的喜馬拉雅山黑山岩鹽

在某些生酮社團裡，只要遇到心悸、手抖、便秘……等問

題，就會有熱心的「達人」說：「請每天早上一起床就舌下含一湯匙的喜馬拉雅山黑岩鹽」，說如此就可以喚醒人體的自然調控機制，讓人更健康，然後就開團販售巴基斯坦喜馬拉雅山黑岩鹽。

這……喜馬拉雅山黑岩鹽，光聽產地就很怪了呀！

什麼是喜馬拉雅山黑岩鹽？

根據網路賣家的宣傳內容：「……黑鹽在遠古時代已記載於印度之草本醫書阿育吠陀內，廣泛應用在治理皮膚感染、炎症、及呼吸道問題上。其溫性硫磺成分使它成為天然消毒劑，對身體有淨化作用，加上其含有的 84 多種礦物質及微量元素：氫、鋰、鈹、硼、碳、氮、氧、氟化物、鈉、鎂、鋁、silicum（二氧化矽）、磷、硫磺、氯化物、鈣、鈧、鈦、釩、鉻、錳、鐵、鈷、鎳、銅、鋅、鎵、鍺、砷、硒、bromine（溴）、銣、鍶、釔、鋯、鈮、鉬、鎝、釕、銠、鈀、銀、鎘、銦、鑵、銻、碲、碘、銫、鋇、鑭、鈰、鐠、釤、銪、釓、鋱、鏑、鈥、鉺、銩、鐿、鉿、鉭、鎢、錸、鋨、銥、鉑、金、水銀、鉈、鉛、鉍、釙、鈁、鐳、錒、釷、鏷……等，可補充身體之礦物儲備。所以喜瑪拉雅黑鹽在歐洲及日本都相當受歡迎……」

等等，這擺明了就是把化學元素週期表抄一遍而已呀！

仔細看，還含有一堆放射線物質（放射線污染）、水銀（汞

污染），還有食品中最忌諱的重金屬砷、鉛、鎘、銅（重金屬污染），還有一大堆不是衛生單位特別強調的稀有元素，重點是，還含有珍貴「金」和「稀土」，拜託，這不該拿來吃，該拿去煉金煉稀土，然後賺錢發展科技，增進國力的呀！

注意喔，既然含有很多重金屬元素和礦物質，就是代表這個黑岩鹽是個「有污染的鹽」，能不能拿來吃，還要看衛生單位有沒有放行。簡單，看報關單就知道，是用「食用鹽」進口還是「工業鹽」進口？其中的秘密，那些網路上在賣黑岩鹽的「達人」有沒有說出來？有沒有商業登記證？有沒有合法繳稅？製造產地來源是真的嗎？有分裝過嗎？吃出事誰負責？

哎呀，越說越多秘密了呢。

是的，一般我們吃的鹽就如同一般食品規範，講究的是「安全，無污染」，就如同台鹽在官網說的「台鹽公司生產之食用精鹽品質符合國家標準 CNS 4056 及符合 WHO 世界衛生組織食用鹽標準並符合政府頒布之「食鹽衛生標準」【詳閱：行政院衛生署消費者資訊網 - 食鹽衛生標準】。（重金屬檢驗合格）。」

是的，即使純天然，還是要符合食品衛生安全的要求，「安全第一」，就是那麼簡單呀！

有一派的生酮社團說，「千萬不要吃台鹽含碘鹽」，但又因為這樣會缺碘，所以要另外使用他們賣的「碘的補充品」才好。

就該社團的說法，因為碘這種「鹵族」都是揮發物，打開之後裡面的碘一接觸空氣就會開始流失，所以，吃一般的含碘鹽沒有用，一定要買版主的「碘補充品」才可以有意義補充到碘。

還教導社團中的信眾自己如何測看看身體是不是缺碘，作法是「睡前把碘酒往腋下塗」，假如隔天早上起來沒有碘酒的痕跡，那就是身體缺碘，表示「甲狀腺有問題」，「體內粒線體的健康和數量也肯定不足」，一定要快點進行生酮飲食並購買版主的碘補充品，不然長久下去不能天人合一，健康肯定會出大問題。

肯定有很多朋友有疑惑，上面那些生酮社群說的，到底哪邊有問題？

我們來解釋一下。

是的，假如是純的「元素碘」，還真的有揮發性，但是瑞凡，台鹽加的是碘酸鉀（KIO3），這個是不會揮發的呀！

而根據食藥署在 2016 年的公告，不管有沒有加碘，食用鹽中都必須有清楚標示：「食品藥物管理署（以下簡稱食藥署）於 105 年 11 月 1 日公告訂定『包裝食用鹽品之碘標示規定』，針對添加碘化鉀或碘酸鉀之包裝食用鹽品，其品名應以『碘鹽』、『含碘鹽』或『加碘鹽』命名，並應註明『碘為必需營養素。本產品加碘。但甲狀腺病人應諮詢相關醫師意見』醒語字樣，

同時，應依『包裝食品營養標示應遵行事項』辦理營養標示，且應加標產品之總碘含量。針對未添加碘化鉀或碘酸鉀之包裝食用鹽品應註明『碘為必需營養素。本產品未加碘。』醒語字樣……。」

是的，這又帶出一個問題——包裝食品營養標示。那位網路社團版主所賣的產品，無論是碘補充品或是阿爾卑斯山黑岩鹽，有完整的包裝食品營養標示嗎？

若沒有，就都違法囉！

除非……那些本來就不是「食品」，而是「工業級產品」，只是版主叫信眾拿起來往嘴巴塞而已！

碘是甲狀腺功能要維持正常的必要營養。

一般人體所需的碘大部分來自飲食，而含碘量高的食物多是海產品，如海苔、海帶、紫菜、海水魚、沙丁魚、龍蝦、蝦、海蟹、海蜇、海貝類、海參、干貝、鱔魚、魚肝油等海產類食品等，也因為平時食用這類食材的機率不高，所以使用「含碘鹽」是有它的臨床意義存在。

 無法補充益生菌的天貝

在某一派生酮社團，裡面強調「益生菌補充」的重要，當然，

這觀點不錯，但重點在於那些版主叫信眾去買天貝吃，說這樣就可以補充體內需要的益生菌，且能使自然能量平衡，達到天人合一的境界，最終實現極樂淨土，然後……開始團購天貝。

很好，這又是愚蠢無下限的代表，沒有之一了。

其實，天貝（tempeh）或稱丹貝，是一種在爪哇群島如印尼、馬來西亞等地常見的傳統食品，由黃豆經過接種根黴菌（Rhizopus sp.）後發酵而製成，平價又營養的食材之一。

製作天貝所需的菌種，主要是少孢根黴菌（Rhizopus oligosporus），此菌和麵包黴（Rhizopus stolonifer）類似，具有白色棉絮狀的菌絲。

簡單說來……就是黴菌，這和益生菌可差遠啦！

益生菌，學術上的用詞「Probiotics」，中文譯為「原生保健性菌種」或「益生菌」，為科學家經研究證實後，於 1965 年首度發表，目前 probiotics 的定義可為：活的微生物，可改善宿主（如動物或人類）腸內微生物相的平衡，並對宿主有正面的效益。益生菌目前主要指的是「乳酸菌」和「部分酵母菌」，而一般所稱「乳酸菌」是指能利用碳水化合物進行發酵生產多量乳酸之細菌總稱。

所以少孢根黴菌是「黴菌」的一種，生物學上屬於「真菌」，至於常說的益生菌，屬於「細菌」，生物學上根本不一樣。因

為目前沒有更多證據顯示少孢根黴菌有辦法改善宿主（如動物或人類）腸內微生物相的平衡，對宿主也沒有有正面的效益，所以不符合「益生菌」的定義，也因此它不歸類在「益生菌」之中。而且市面上有這類黴菌補充品在販售嗎？沒有呀！結案。

 ## 天貝的營養來自黃豆

平心而論，天貝的營養價值真的不錯，因為天貝就是「黃豆」的發酵產品，所以營養來源就是黃豆本身，也就是所謂的植物性蛋白質，網路上的商業說法會是「素食者最佳的蛋白質來源」，豆漿、豆腐亦然，其實沒有特殊秘密。

然而，也因為經過發酵的過程，增加了更多維他命 B_1、B_2、B_6、B_{12}、D、菸鹼酸、泛酸、葉酸與生物素等成分，尤其由發酵微生物所產生的維生素 B_{12}，對素食者來說是很珍貴的補充來源，至於其他營養成分，大概就是比照黃豆，沒有其他太特殊的成分。*

比較特殊是，國內屏東科技大學產學合作，利用國產黃豆與

＊本段資訊來源為輔英醫訊，完整資料請見
http://info.fy.org.tw/64/P11-12.pdf

輔英醫訊

特殊技術製成天貝，並透過動物實驗，結果顯示該「專利天貝」可以有效控制血糖，成果還獲得專利。

這也代表，黃豆除了做成傳統豆腐、豆漿、醬油外，其實還是有更多的經濟附加價值，留待產學繼續開發。

 ## 網路「生酮」現象的結論

看了那麼多社團，跟了那麼多教主和信眾們的留言，只能感嘆再三，幾乎都是以生酮為名，行商業之實，團購、演講開課、私約解惑人生……等等，亂象叢生。

簡單說，生酮是一種偏激飲食，不是拿來減肥減重，更不是吃來更健康，目前資料看來，生酮是一種特殊目的的飲食法，幾乎都在於「醫療目的」，所以，若真的想實行生酮飲食，請先和專業的新陳代謝科醫師討論，看身體行不行，若和素人、網紅、師父、達人、自稱住美國幾十年，突然想到要關懷台灣這塊淨土所以回國開團購的 CEO……等等角色討論，都是不恰當的。

再說，跟著網路教學，搞一盤酪梨鮪魚沙拉，拍些美圖上傳臉書，然後和大家說這就是生酮飲食？差遠了，這只是一份「很油很油的沙拉」而已。

標榜治療癌症的維他命 B17

曾經有鄰居來找「維他命 B17」。

先找咕狗大神，我把網路流言重點整理如下：

1. 1950 年代由生化學家小恩斯特·克雷布斯（Ernst T. Krebs, Jr.）分離出來。克雷布斯和他的父親也是將維生素 B15 Pangamic acid 應用在醫學上的先驅。

2. 克雷布斯自杏果種仁分離出維生素 B17，將之合成結晶以供人體使用，並命名為「利而卓 Laetrile」。此化合物是由一分子氰化氫（hydrogen cyanide；HCN）結合一分子的苯乙醛 benzadehyde 加兩分子葡萄糖所形成的。

3. 維生素 B17 可以準確瞄準癌細胞，而不會破壞正常的組織。

4. 古老的中國、希臘、羅馬和阿拉伯醫師，用苦杏仁治腫瘤，中醫傳統上用苦杏仁的劑量是 3 ～ 9 公克沖泡，因苦杏仁有毒性，過量可中毒致死。

5. 癌症的解藥。如果你有癌症，最重要的就是要在短期內盡可

能攝取到最大量的 B17。

嗯……，網路流言都說得煞有其事，但是這種中文網頁內容轉來轉去，很多也只是「發燒友」在喊燒，沒什麼人經過查證。

尤其是一句「可以準確瞄準癌細胞，而不會破壞正常的組織」，這已經是標靶藥物等級了呀！若真的那麼神奇，為什麼醫院都沒用？為什麼癌症還是死亡原因第一名？

剛好看到香港的一篇新聞報導，香港防癌會裡的臨床腫瘤科專科醫師應醫師，說那是無效的東西。

這就好玩了，一個香港醫師說他沒效。既然已經有新聞報導過，那就換我們來找找比較可靠的資料吧：

1. 美國非營利組織國家反健康欺詐委員會 NCAHF

根據 NCAHF 的官網，其中一篇文章的重點就是在說，苦杏仁苷這玩意兒在 1892 年就被當成癌症治療藥嘗試，結果是沒有效且毒性太高。

NCAHF
http://www.
quackwatch.
org/01Quackery
RelatedTopics/
Cancer/
laetrile.html

廠商常說的 B17，名稱是 Laetrile，是小恩斯特・克雷布斯純化的一種杏仁苷（Amygdalin）去註冊的一個商品名稱，現在是一個約定成俗的用法，B17 也是從他自己開始說的。

還有，小恩斯特・克雷布斯的學位是在 Oklahoma 的 Tulsa 的一間目前已經消失的基督教學院所頒發，更多的相關學經歷背景，維基百科寫得很清楚，簡單說就是沒有任何醫藥學背景。

維基百科
https://
en.wikipedia.org/
wiki/Ernst_T._
Krebs#cite_note-
MarkleBook-2

2. **根據美國國家癌症研究所對 Laetrile 的定義：**

　　引述原文資料：「A substance found in the pits of many fruits such as apricots and papayas, and in other foods. It has been tried in some countries as a treatment for cancer, but it has not been shown to work in clinical studies. Laetrile is not approved for use in the United States.Also called amygdalin.（Laetrile 是一種可以在杏和

美國國家
癌症研究所
http://www.
cancer.gov/
dictionary?
cdrid=
444998

木瓜，或是其他很多食物裡可見的物質。曾經被用於治療癌症，但臨床實驗沒有看到有效果。Laetrile 並沒有在美國被核准使用。又稱苦杏仁苷。）」

　　好簡潔有力的說明。也因為在美國沒有被核准，現在應該也找不到才是。

3. 美國國家醫學圖書館

根據「A clinical trial of amygdalin (Laetrile) in the treatment of human cancer.」這篇發表在 1982 年的新英格蘭醫學雜誌上的文章當中表示：「Amygdalin (Laetrile) is a toxic drug that is not effective as a cancer treatment.」

總之，「有毒，不是有效的癌症治療藥」。

美國國家醫學
圖書館
http://www.
ncbi.
nlm.nih.gov/
pubmed/
7033783

4. 最權威的實證醫學資料庫考科藍圖書館 The CochraneLibrary

網頁資料中，該篇論文作者結論：「最近的臨床研究數據不支持苦杏仁對於癌症病患的好處。可能有氰化物中毒或嚴重富作用的風險。」

考科藍圖書館
http://
onlinelibrary.
wiley.com/
doi/10.1002/
14651858.CD
005476.pub4
abstract

食藥署也曾對於有關民眾食用網路購買含「苦杏仁苷 (Amygdalin)」之產品，導致氰化物中毒案做出說明：「苦杏仁苷（Amygdalin）」非屬衛生福利部准用之食品原料，依法不得添加於食品中。」所以，基本上台灣根本不能出現含有相關成份的食品。

食藥署説明
https://www.
mohw.gov.
tw/fp-3218-
22747-1.html

再來，我們直接看看苦杏仁苷 Amygdalin 到底是什麼東西？

有些植物會產生游離的氰酸（Hydrocyanic acid）或氰酸的配醣體（Cyanogenetic glycosides），使攝取的人類或動物中毒。如苦杏仁、櫻桃、李子、桃子、杏樹、乾果梨、蘋果及梨種子、樹薯和特殊竹芽，在攝取足夠量時會產生輕微的氰化物中毒現象，例如呼吸困難、心口痛、嘔吐和頭痛症狀。而這些植物會形成氫氰酸，是因為它們無法將所有的胺基酸轉變成蛋白質。

苦杏仁苷 Amygdalin，就是一種氰酸配醣體（Cyanogenetic glycosides），水解以後會形成氰化氫（hydrogen cyanide；HCN，一種氰化物）和苯乙醛 benzadehyde。氰化氫的味道就是常說得杏仁味。臨床上，呼吸有苦杏仁油的氣味就會高度認定是氰化物中毒。一般而言，可以被聞出苦杏仁味的 HCN 含量約為 0.2-5.0 ppm（百萬分之一濃度）。但並非每一個氰化物中毒案件中都有這股味道產生，也並不一定能被聞到。

還不懂？……「柯南」總有看過吧！

那你就一定聽過「氰化物中毒」了。

氰化物是一種可迅速致命的血液性毒劑，曾經被用作毒氣室執行死刑以及戰爭時的殺人武器。作用機轉就是讓體內細胞快速缺氧，使得細胞缺氧窒息，人體就衰竭死亡。

說到底，有那麼多問題的成分，怎麼會有人想拿來吃，還當

作抗癌的保養呢？還特別強調「如果你有癌症，最重要的就是要在短期內盡可能攝取到最大量的 B17」？

馬上氰化物中毒呀！

所以，這玩意兒吃了對誰最好？賣給你的廠商有賺到錢，最好呀！

還有廠商網路上宣稱：「FDA 宣稱 Laetrile 有毒是荒謬的。那是他們不懂得怎麼使用。Laetrile 必須搭配底下的補充品：

Zinc（鋅是 Laetrile 的傳輸方法）、維他命 C（每天 6 克）、manganese（錳）、magnesium（鎂）、selenium（硒）、Vitamins B6, B9（葉酸）and B12、Vitamin A、Vitamin E（at least 2,000 I.U.），還必須搭配 pancreatic 胰臟酶和 proteolytic 蛋白分解酶素……。」

還有人說這是**另類療法**。

更何況藥即是毒，化療藥更還毒哩。哪個化療藥吃了不噁心？哪個化療藥吃了不嘔吐？連西藥的抗癌藥物吃了也會有噁心嘔吐反應呀。杏仁苷……剛剛好而已啦！

50

真話

精油類防蚊液比較有效？
敵避（DEET）才是第一

　　曾經有鄰居拿著一個精油類防蚊液的網路廣告來藥局問，那網路廣告說「nepetalactone」這個防蚊成分的效果是 DEET 的十倍。

　　這邊教大家一個原則：只要「不是藥品，就不能訴求療效」。

　　北市衛生局在 2014 年也有新聞稿指出「精油類防蚊液非藥物不得稱療效」。不過，既然網友有疑問，我們還是來看看該精油類防蚊液宣稱的 nepetalactone 到底是什麼成分呢？

 **流言起源**

　　經查，nepetalactone 的神話應該是起源於「Catnip Repels Mosquitoes More Effectively Than DEET，August 28, 2001」*

＊ 原文見：
https://www.sciencedaily.com/releases/2001/08/010828075659.htm

nepetalactone

這篇報導，也看到有廠商拿這篇報導來證明「nepetalactone 效果是 DEET 的十倍」，但其實原文不是這個意思的。

節錄文章："Peterson says nepetalactone is about 10 times more effective than DEET because it takes about one-tenth as much nepetalactone as DEET to have the same effect⋯⋯No animal or human tests are yet scheduled for nepetalactone."

當中所提到的「10 倍」，其實應該是解釋成：「一樣的驅蚊結果下，nepetalactone 的使用濃度只要 DEET 的 1/10」，不是「驅蚊效果是 DEET 的 10 倍」，兩者語意其實差很多。而這段文章的上面也有說明中間的實驗過程，主要是在「使用濃度」和 DEET 相比，前提就是：在於「一樣的驅蚊實驗結果下」。

所以，至少可以肯定，驅蚊效果不是 DEET 的 10 倍。

什麼是 nepetalactone？

根據美國環保局（U.S. Environmental Protection Agency）的資料，nepetalactone 是 Refined Oil of Nepeta cataria（Hydrogenated Catmint Oil）。

Nepeta cataria 這個植物學名可能很陌生，但講到 catmint，貓薄荷，在中華實驗動物學會受行政院農委會委託編輯出版「實

驗動物管理與使用指南第三版」中也有提到：

> 實驗用貓的飼養，需符合下列三個飼養環境條件，以滿足貓的心理
> 及生理需求。1、環境的複雜性及正面的刺激（提供探索的樂趣）；
> 2、環境中難以預測的程度（滿足好奇心）；及3、可控制或選擇
> 性的機會。有些動物設施使用貓薄荷（Nepeta cataria），約 50%
> 的貓對貓薄荷中含有的荊芥內酯（nepetalatone）呈現反應。這種
> 香氣如同大麻一般吸引貓，透過貓的嗅覺產生麻醉性及興奮性。

是的，nepetalactone 就是貓奴們都熟知的「貓薄荷」萃取物，臨床實驗上，是有驅蚊驅蟲的效果出來，但實際上不是主流成分，因為**精油類的保護時間太短，防護效果薄弱**，是最大原因。

根據美國國家環境保護局 EPA 的資料，目前有在使用的防蚊成分如下：

1. Catnip oil (Nepeta cataria, also known as catmint) (4 products)。就是上面提過的貓薄荷，但只有 4 種產品註冊。

2. Oil of citronella (3 registered products)。最常見的香茅精油。

3. DEET (more than 500 products)。俗稱敵避，世界主流成分，光看在 EPA 註冊產品超過 500 種就能知道，是所有防蚊成分中最為廣泛使用的。

4. IR3535 (3-[N-Butyl-N-acetyl]-aminopropionic acid, ethyl ester) (about 45 products)。俗稱伊默寧，台灣還沒有正式引進，但

有跑單幫的，網路購物也找得到。

5. Oil of Lemon Eucalyptus (chemical name: p-Menthane-3,8-diol) (10 products)。常聽到的中文是檸檬尤加利精油，台灣一些產品會縮寫成分為 PMD。

6. Picaridin (about 40 products)。俗稱避卡蚋叮，台灣沒有正式引進，但網路購物有商家在賣。

7. 2-undecanone-EPA pesticide regulatory information (or methyl nonyl ketone) (1 product)。只有註冊 1 個產品的成分，這……跳過吧！

很明顯，主流的防蚊成分依然是 DEET，超過 500 項產品登記，而貓薄荷萃取物只有 4 項產品登記防護效果上。

市場上，比較常拿出來的討論的，有敵避 DEET、伊默寧 IR3535、避卡蚋叮 Picaridin 和檸檬尤加利精油 PMD，學理上，伊默寧 IR3535 和檸檬尤加利精油 PMD 依照使用濃度升高，有效防蚊時間約 1 ～ 4 小時，敵避 DEET 和避卡蚋叮 Picaridin 依照使用濃度升高，有效防蚊時間約 2 ～ 8 小時。

一定會有朋友認為，至少這是天然成分，一定比較沒有害處。其實這只是廣告名詞，也是很多人對於「天然」的迷思，我們前面已經討論過了「天然」的議題，還記得吧！

關於 nepetalactone，真正的天然是那株貓薄荷，若是已經「萃

取純化過」的 nepetalactone 成分，其實就等同「化學物」。另外 PMD 也有廠商會宣稱天然，因為中文是檸檬尤加利精油，但其實也是萃取或合成後的成分，和天然的關係已經不大。

至於香茅精油？因為揮發太快，所以抓著一把香茅草揮呀揮的效果，肯定比噴香茅油還好。

另一方面，誰說天然一定無毒？發芽的馬鈴薯吃了就會出問題的。手工日曬海鹽也很天然，但重金屬污染和有機物污染也肯定在裡面，沒人敢吃呀！

所以，千萬不要迷信天然，只有真正做過安全性實驗的產品，才有真正結果可以說明。

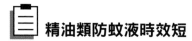 **精油類防蚊液時效短**

有民眾和衛福部問相關於精油類防蚊液的問題，衛福部回函節錄如下：

> 4. 防蚊商品非屬化粧品，若含有 DEEP 成分，則屬藥品列管，惟查前行政院食藥署業於 92 年 2 月 18 日衛署藥字第 0920313818 號函公告，**使用於人體皮膚上之「精油類防蚊液」製品具揮發性質，作用短暫，對使用民眾不致有健康上之影響，暫不列入藥品（人用）管理**，故台端所稱商品如符合上開定義，則非屬藥品及化粧品，為

> 一般商品，毋須至本署申請廣告字號，惟仍需符合公平交易法第 21 條之規定，不得有虛偽不實或引人錯誤之表示或表徵。

　　精油類製品因為作用短，所以不屬於藥品也不屬於化妝品，歸於一般商品，但也因為「不是藥品，所以不能訴求療效」。

　　也因此，歸類在精油類的防蚊產品，有效時間都很短，使用上不會令人滿意。

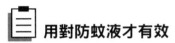 **用對防蚊液才有效**

　　就以上資料，我們可以說 DEET 是全世界使用最廣泛，價格也相對平價的成分，但並不是所有含 DEET 的防蚊液都可以放心往身上噴，市售防蚊液有分為「環境用藥」等級和「指示藥品」等級，主要差別在於其中溶劑的安全問題。

　　環保署負責環境衛生用藥級：符合「環境用藥管理法」規定，含 DEET 成分的防蚊產品，外包裝標示有「環署衛製」或「環署衛輸」；只能噴灑於居家周圍環境或易孳生病媒蚊之場所，不能噴灑於人體及衣物。一般蚊子的殺蟲劑就屬於這類藥品。

　　衛福部負責「人用藥級」：符合藥事法規定，含 DEET 成分的防蚊產品，外包裝標示藥品許可證字號，如「衛署藥製」、「衛

部藥製」或「內衛成製」；可直接噴抹於人體皮膚，防蚊效能維持 2 ～ 8 小時不等。

DEET 的使用方式，和廠商的產品濃度有關，一般來說看包裝就能知道。原則上，成人所使用的濃度不建議超過 50%，過高的濃度也會有油膩感，並不舒服。兒童一般建議使用濃度在 15% 以，兩個月以上的嬰孩不應高於 10%，至於 2 個月以下？別用吧，反正不會爬，也不建議太常帶出門，放蚊帳裡面照顧就好。

記得，選對才有效又安全，最簡單，就是找「藥品等級的DEET」就對了。若你問我自己用那一種防蚊液？當然就是藥品等級的 DEET。不需要去找那些網紅的推薦，也不用上網買些沒聽過的產品或是水貨，就挑台灣藥廠生產的，可是有食藥署的把關，只要遵照說明書指示使用，可是安全又放心呢！

不知道哪邊有賣？

請去住家附近藥局問一下藥師，肯定有你滿意的答案喔！

全年無休的藥師日常

　　很高興能有機會再次把文稿重新拿出來訂正，這次刪除了一些不合時宜的段落，修正一些錯誤，也新增了最近網路很夯的話題，只希望能帶給朋友們更多正確的資訊及觀念。

　　關於藥師這職業，對我來說，就是天經地義的工作，從小懂事就在藥局混著長大，還記得小時候因為下雨不能出門玩，就拿張椅子到藥局門口外坐著數雨滴，有人進來就喊聲叔叔阿姨好，也因此左鄰右舍幾乎都認識。

　　像這樣上班就是生活的日常模式，從小到大始終如一，就和呼吸一樣自然，早上 7 點開門，晚上 11 點關門，執業近三十年只休幾次超過三天的連假，出過幾次國，最遠到菲律賓，最常去的只是下川島。

　　是的，「開藥局」沒有想像中的風光，從我老爸經營藥局的時候開始，幾乎全年無休，農曆年也都正常開門服務，「休假」是奢侈的字眼，留給家人的時間真的很短暫。

　　說這些經驗的目的，是讓年輕的藥師們知道，若想出來「自

營藥局」，要有很大的心理準備——沒休假，沒個人時間，還有，請先在醫院練一練基本功，然後去認識的前輩藥局實習一段時間，再進來這世界，因為要學的不只是藥品，更多的是待人處事的態度。

老實說，保健食品市場一直被網購和網路上錯誤資訊所誘導的團購吸走，藥局已經不好賺，不如去開個生酮社團，賣賣鵝油、鎂油、即期罐頭，開些不知所云的講課收學費，肯定比開藥局更賺。至於健保那塊，請學弟妹們不要想太多，尤其是「從健保調劑」上面榨油水出來這回事，沒有上千張處方的盤，榨出來的，肯定只有你自己的血汗。

會有這些心得，也是因為今年初的一場小中風，給了我深深的感慨，「健康第一，平安是福」，景氣一直下去，生意越來越差，是該看開，放手讓第三代接手改變了。等大女兒明年畢業後，這藥局直接給她接棒，喜歡就開下去，不喜歡就收掉，然後去做自己想做的事情，而我就來退休，好好放放假，養養身體，更要好好陪陪家人。

所以，真要進來這世界的學弟妹們，記得，想自己當老闆，除了好好努力外，更重要的是請一定要好好照顧自己身體，時間不會重來，身體只有一個，病了，才會知道健康的可貴，而能和家人團聚的時間，更是寶貴。

也請各位讀者要睜大眼睛，網路的各種資訊，很多都是錯誤的，或是有意的誤導，目的都在那最後的銷售，若非專業人士，真的很難分辨對錯。所以，請好好認識家裡附近藥局的藥師，有疑問時，請盡量拿去討論，絕對沒有問題，大家肯定都會很熱心的回答。

以上一點心得，和朋友們分享。

老話一句，「有病看醫師，用藥問藥師」，小弟在這邊祝福大家：

身體健康，萬事如意。

2018 年 08 月 12 日 於台北

優生活 64

藥師心內話

廣告藥品、網路保健食品、兒童用藥……
30 年藥師教你秒懂 50 個不得了的醫藥真相
（白袍藥師的黑心履歷暢銷增訂版）

作　　者——Drugs
主　　編——楊淑媚
責任編輯——朱晏瑭
封面設計——今日工作室
內文設計——葉若蒂
校　　對——Drugs、朱晏瑭
行銷企劃——許文薰
第五編輯部總監——梁芳春
發 行 人——趙政岷
出 版 者——時報文化出版企業股份有限公司
　　　　　　一〇八〇三臺北市和平西路三段二四〇號七樓
　　　　　　發行專線：（〇二）二三〇六六八四二
　　　　　　讀者服務專線：〇八〇〇二三一七〇五、（〇二）二三〇四七一〇三
　　　　　　讀者服務傳真：（〇二）二三〇四六八五八
　　　　　　郵撥：一九三四四七二四 時報文化出版公司
　　　　　　信箱：臺北郵政七九九九信箱
時報悅讀網—— www.readingtimes.com.tw
電子郵件信箱—— yoho@readingtimes.com.tw

法律顧問——理律法律事務所　陳長文律師、李念祖律師
印　　刷——勁達印刷有限公司
初版一刷——二〇一八年十一月九日
定　　價——新臺幣三五〇元（缺頁或破損的書，請寄回更換）

藥師心內話：廣告藥品、網路保健食品、兒童用藥 ......30 年藥師教你秒懂 50 個吃
錯不得了的醫藥真相 / Drugs 作 .-- 初版 .-- 臺北市：時報文化，2018.11
　　面；　公分
ISBN 978-957-13-7587-8(平裝)

1. 家庭醫學

429　　　　　　　　　　　　　　　　　　　　　　　107017962